コツがわかる！

# カエルの見つけ方図鑑

写真・文 松橋利光

山と溪谷社

# Contents

もくじ ......... 2　　カエルってどんな生きもの？ ......... 4
本書の使い方 ......... 2　　カエルを探してみよう ......... 8

## 田んぼとその周辺のカエル ......... 10

ニホンアマガエル ......... 12　　ヌマガエル ......... 40
シュレーゲルアオガエル ......... 22　　ニホンアカガエル ......... 42
トウキョウダルマガエル ......... 28　　ヤマアカガエル ......... 46
　トノサマガエル、ナゴヤダルマガエル　　ウシガエル ......... 52
ムカシツチガエル ......... 36　　アズマヒキガエル ......... 56
　ツチガエル　　　　　　　　　　　　　　ニホンヒキガエル

## 山や渓流のカエル ......... 67

ナガレヒキガエル ......... 68　　ナガレタゴガエル ......... 84
モリアオガエル ......... 70　　カジカガエル ......... 86
タゴガエル ......... 78

Column　ヤマアカガエルとニホンアカガエルの産卵場所の違い ......... 48
　　　　見つけたら比べてみよう！　おたまじゃくし ......... 64
　　　　カエルに近づく方法 ......... 66
　　　　奄美大島は「カエルの楽園」！ ......... 118
　　　　カエルに関する法律とマナー事情 ......... 120

## 【本書の使い方】

カエルの特徴や生態、生活を紹介したあと、見つけ方やポイントを解説しています。カエル探しの参考にしてください。

### 活動時期とよく見られる時期

活動時期は成体（おとなのカエル）が活動する時期をあらわしています。活動時期以外は冬眠をします。よく見られる時期は成体を見つけやすい時期をあらわしました。

## 島のカエル ……… 92

- ●奄美のカエル
  - アマミイシカワガエル ……… 94
  - オットンガエル ……… 95
  - アマミアカガエル ……… 96
  - アマミハナサキガエル ……… 97
- ●奄美のカエル、沖縄のカエル
  - ハロウェルアマガエル ……… 98
- ●奄美のカエル、沖縄のカエル、先島諸島のカエル
  - ヒメアマガエル ……… 99
  - アマミアオガエル ……… 100
    - オキナワアオガエル、ヤエヤマアオガエル
  - リュウキュウカジカガエル ……… 102
  - シロアゴガエル ……… 103
- ●沖縄のカエル
  - オキナワイシカワガエル ……… 104
  - ナミエガエル ……… 105
  - ホルストガエル ……… 106
  - リュウキュウアカガエル ……… 107
- ●沖縄のカエル、先島諸島のカエル
  - ハナサキガエル ……… 108
    - オオハナサキガエル、コガタハナサキガエル
- ●先島諸島のカエル
  - ヤエヤマハラブチガエル ……… 110
  - ミヤコヒキガエル ……… 111
  - アイフィンガーガエル ……… 112
  - サキシマヌマガエル ……… 113
  - オオヒキガエル ……… 114
- ●佐渡島のカエル
  - サドガエル ……… 115
- ●対馬のカエル
  - チョウセンヤマアカガエル ……… 116
  - ツシマアカガエル ……… 117

## カエルを深く知るために ……… 121

- カエルの持ち方 ……… 122
- カエルの飼い方① ニホンアマガエル、ニホンアマガエルのおたまじゃくし ……… 124
- カエルの飼い方② ヒキガエル ……… 126
- カエルの持ち帰り方 ……… 126

### カエルの1年
1年を春夏秋冬に分けて、カエルがどんな生活をしているかをあらわしました。

### 見つけやすさ
成体の見つけやすさを★の数であらわしています。★が多いほど、見つけやすい季節です。

### POINT
見つけ方や、探し方のポイントを一言コメントにまとめました。

# カエルってどんな生きもの？

トノサマガエル

モリアオガエル

## 日本にはいろいろな種類のカエルがいる

日本には外来種も含めると、約50種のカエルが生息しています。渓流から田んぼ、街の公園まで、さまざまな環境で見られますが、その半数以上の種が南西諸島などの離島に生息しています。本州で普通に見られるのは10種程度です。

**ニホンアマガエル**
日本のカエルの多くが田んぼに依存していて、稲作の変化にも柔軟に適応しているように感じる

**アズマヒキガエル**
陸生が強いヒキガエルなどは、山間部の雑木林や、池がある森林公園など、幅広い環境で見られる。好みの環境があれば、民家の庭先や町中の公園などで見られることも

**カジカガエル**
山地の渓流から中流域、源流付近や上流の湧水にすむカエルは、繁殖期以外は周囲の森林などに分散してしまうなど、隠れ上手なので見つけにくい

## カエルと言えば「変態」!
### 卵からおたまじゃくしがうまれてカエルになる

　日本に生息するすべてのカエルは、卵を水中、もしくは幼生（おたまじゃくし）がうまれたあとに水中に落ち込めるような場所に産みます。おたまじゃくしは水中で成長し、時期が来ると手足を生やし、尻尾を吸収します。口の形状や呼吸の方法まで変化し、やがて陸上で生活できるように成体（おとなのカエル）へと変態します。

● ニホンアマガエルの変態のようす

卵　→　幼体（おたまじゃくし）　→　手足を生やしたおたまじゃくし（ちびガエル）　→　成体（おとなのカエル）

## すみかによって体つきが違う

　田んぼなどの水辺にくらすカエルは、後ろ足の水かきが発達していて、筋肉質でジャンプ力が強く、泳ぎに適した体型をしています。陸生が強いヒキガエルの足はあまり筋肉質ではなく、ジャンプ力は弱く、泳ぐことは少ないので水かきも発達していません。皮膚は厚くて乾燥に強くなっています。樹上性のカエルは手足が長く、指先には大きな吸盤があり、水かきも発達しています。乾燥に強いのも特徴です。体つきからどんなすみかにいるカエルなのか、推測してみましょう。

水辺のカエル　**トウキョウダルマガエル**

陸生のカエル　**アズマヒキガエル**

樹上性のカエル　**モリアオガエル**

5

## オスはメスに気づいてもらうために鳴く

**シュレーゲルアオガエル**
メスが来てくれたら、オスはメスの背中にしがみつく

ほとんどのカエルで、オスはのどの下や両ほほに「鳴のう」をもっています。繁殖期には鳴のうをふくらませて鳴き、メスをさそいます。鳴く時期や鳴き声はカエルによって違い、カエルを探すときの手がかりになります。

**ニホンアマガエル**
のどの下をふくらませて鳴く

**トウキョウダルマガエル**
両ほほをふくらませて鳴く

## 「カエルの1年」は種によってさまざま

春に活動を始めて、初夏に産卵し、冬眠するといった「カエルの1年」を過ごす種もいますが、そうでない種も多くいます。また、種の違いだけでなく、地域や環境、気候条件でも、カエルの1年は大きく異なります。南西諸島だけでなく、本州でも12月に産卵する種もいます。カエルの1年を知ることはカエルを探すための重要な第一歩。観察のタイミングを計る目安にもなるので、本書でチェックしてください。

**ニホンアマガエル**
冬にはしっかり冬眠することが多い

**ヤマアカガエル**
12月の暖かい日、雨でできたた水たまりで産卵。気温や雨などの条件で大きくずれ込む

**トウキョウダルマガエル**
初夏の田んぼで産卵するので、繁殖期は毎年同じくらいの時期で、大きくずれない

# 繁殖期は1か所にたくさん集まることが多いので見つけやすい！

　繁殖期はオスの鳴き声をたよりにすることができるので、最も見つけやすい時期です。1か所にたくさん集まったり、昼間でも鳴いたりしますが、繁殖期そのものが気候などで毎年違うので、日頃の観察が大切です。

繁殖期には昼間でも活発に活動するので、目立つところで姿を見ることも多い

条件がそろうとカエル合戦が見られることも。こうした集団に出会えたら数日足を運んでみよう

繁殖期にはまずオスが多数あらわれ、数日かけてメスを待つ

### カエルの見つけ方のコツ

▶まずは、いちばんカエルが見つけやすい時期（繁殖期）に探してみよう。
▶オスの鳴き声は最高の手がかり。耳をすませて鳴き声をキャッチしよう。
▶昼夜、雨の日と場面を変えても出会えないときは、探す場所を変えてみよう。

## カエルを探してみよう

　カエルはとっても非常識です。
　「カエルは環境の変化に弱い？」「水に依存しているから暑さや乾燥に極端に弱くて、手で持っただけでやけどしちゃう？」いいえ。じつは、そんなみなさんが思う常識とはかけ離れた、適応力や強さをもつ生きものです。時代ごとの稲作の変化や、近年の厳しい気候や環境にしっかり順応して生き抜く、バイタリティ豊かな生きものなのです。
　カエルを探すときは「この時期はいないはずだ」といった先入観にとらわれず、「こういうところにいる」といった情報だけにたよらず、現場を観察しながら、カエルの気持ちになってみることが大事です。
　地元にくらすカエルの行動を自分なりに分析したり、カエルと一緒に雨を待ったり、毎日会いに行ってみたり、それが楽しいのです。
　みなさんもぜひ、カエル探しを楽しんでください。

# 田んぼとその周辺のカエル

最も身近な環境で、カエルに出会える場所です。一言に田んぼと言っても、人家に囲まれた田んぼや里山近くにある田んぼなど、いろいろな田んぼがあります。カエルによって少しずつ好みが異なり、またその年の気候などでも居場所が変わります。

**池など広い水場があるところ**
森林公園の池など、草木が多くて自然に近い環境では、アズマヒキガエル（P56）が見られます。

**田んぼとその周辺**
人家に囲まれていても、田んぼがあればカエルが見られます。比較的人の手が入った環境でも、食べものが豊富で水があればくらしていけるカエルは多くいます。
ニホンアマガエル（P12）、トウキョウダルマガエル（P28）、ムカシツチガエル（P36）、ヌマガエル（P40）、ニホンアカガエル（P42）など

**池など水場があるところ**
人家や学校、公園の池など、人の手が入った環境でも、アズマヒキガエル（P56）が見られることがあります。

だれでも一度は見たことがある身近なカエル

# ニホンアマガエル アマガエル科アマガエル属

●**どんなカエル？** 日本の田んぼにいるカエルといえばこのカエル。カエルとしては乾燥に強く、繁殖期以外は田んぼから離れたところで見ることも。シュレーゲルアオガエル（→P22）と、すみかと見た目が似ているので混同されることがある。よく見ると顔つきやもようが異なり、鳴き声も違う。最近、関西以東にすむのはヒガシニホンアマガエルとされた。

鼻から目と、鼓膜のまわりに、黒いもようがある

口の先がとがっていない

| 活動時期 | 春から秋 |
| --- | --- |
| よく見られる時期 | 5〜10月 |
| 見られる場所 | 田んぼとその周辺 |
| 分布 | 北海道、本州、四国、九州 |

| 大きさ | 2〜3cm |
| --- | --- |
| 鳴き声 | ギャッギャッギャッギャッ |

**つかまえ方** 小さくて華奢な個体もいるので、けがをさせてしまわないように両手で空洞をつくって、そっと包むようにつかまえるのがコツ。

体色を変化させて周囲の色になじむのが得意

鳴くときはのどをふくらませる

## 【アマガエルの1年】

**春** 見つけやすさ ★★☆

冬眠から目覚めて、田んぼのまわりの草地などでくらす。3月くらいまでは鳴くこともないので、姿を見つけるのはかなり難しい。暖かくなるにつれて少しずつ見つけやすくなる。

**夏** 見つけやすさ ★★★ →P14

▲▶夏は卵からおたまじゃくし、ちびガエル、おとなのカエルまで見られる

田んぼに水がはられると多く出現。初夏までは繁殖期なので、昼夜を問わず水辺近くで見られる。夜には大合唱が始まる。雨の日を好むと言われるが、繁殖期は天候にかかわらず、よく鳴き、活発に活動する。

**秋** 見つけやすさ ★★☆ →P20

11月くらいだと、まだ冬眠していない。繁殖期が終わっているのであまり鳴かず、見る機会は減る。キャベツ畑やわらの上など、イモムシやクモなどの食べものがいそうなところにあらわれる。

◀暖かい日は食べ物を探して出てくることもある

**冬** 見つけやすさ ★☆☆ →P21

本格的な冬になり、低温が続くと冬眠する。木の根元や、落ち葉や石の下などにもぐってじっとしているので、かなり見つけにくい。寒さが緩んでくると、食べものを求めて活動しはじめる。

田んぼとその周辺のカエル　ニホンアマガエル

| 夏 | 見つけやすさ ★★★ |

POINT 田んぼに水がはられたら アマガエルの季節がスタート！

春の田植えのころは警戒心が薄くて近づきやすい。気づかれていても、気負わずゆっくり近づいてみよう

田んぼとその周辺のカエル

ニホンアマガエル

春先、田んぼを耕しはじめるころから鳴き声が聞こえだし、田んぼに水がはられたころには多く出現する。春先から初夏の繁殖期には、昼夜を問わず水辺近くで見られることが多い。おもに田んぼの縁など浅い水場、もしくは水から上がりやすい土手にいるので、水際や土手沿いを無造作に歩くと、ピョコンと田んぼに逃げ込む姿が見られる。

15

田んぼとその周辺のカエル　ニホンアマガエル

POINT 稲や草の間にはさまるのも好き

いた！

カエル探しに目が慣れてくると、これは簡単に見つけられるはず

POINT 夜になったら鳴き声をたよりにしよう

夜、懐中電灯の光を強く当てると鳴きやんでしまうかも。光の輪の明暗をうまく使い分けるとよい

　昼間は膝から胸ぐらいの高さの葉の上でじっとしていることが多いので探してみよう。草があれば、田んぼなどの水辺からわりと離れたところでも見られる。葉の大きさや種類はあまり関係がないようで、アマガエルはさまざまな草の上で見られる。また、日向や日陰といった区別もないように感じる。昼間は物陰に身を隠していることが多いので、鳴き声をたよりにせずに、その姿を探したほうが早い。

17

# 夏

見つけやすさ ★★★

あった！

産んだ卵は水面を浮遊して、稲などにくっつく

POINT たまごは稲の根元を探してみるべし

POINT おたまじゃくしは盛夏まで見られる

POINT 上陸したちびガエルたちは、田んぼのまわりの草むらにたくさん

ちびガエルは動きが素早くないため、近くで観察できるかも

▲おたまじゃくしから変態すると、まだ尻尾があってもどんどん上陸する

繁殖期が長いので、同時期におたまじゃくしからちびガエル、おとなのカエルまで、成長段階を見ることができる

ア マガエルの繁殖期は長いので、5月から夏までおたまじゃくしが見られる。卵を見つけやすいのは田植えして間もないころ。稲のまわりの水面をよーくチェックしてみるとよい。おたまじゃくしは田植えのあとの数週間、稲がまだ低いうちが見つけやすい。ちびガエルはおたまじゃくしが多くみられた田んぼの近くの草むらを探してみよう。

光に寄ってくる虫を食べに、自動販売機やコンビニの明かりに集まる

明かりの近くで見つけた！

田んぼとその周辺のカエル

ニホンアマガエル

POINT ちびガエルたちは、同じところにたくさんいることが多い

田んぼの中干しのころ、近くの草むらなど、登りやすい葉の上はちびガエルだらけになる

19

| 秋 | 見つけやすさ ★★☆ |

寒くなってくると、夏ほど活発ではなくなるが、食べものの虫が多いところでよく見られる。秋は田んぼの横にある宿に泊まると、窓の明かりに集まる虫を食べに、アマガエルがたくさんやってくる。アマガエルを求めてそんな旅を計画するのも楽しい。

**POINT 食べものの虫がいるところにカエルもいる**

●ヨトウガ：秋にアマガエルが好んで幼虫を食べる。幼虫はキャベツやハクサイ、ダイコン、といったアブラナ科などの葉を食草としている。春と秋の2回発生するが、秋のほうが多い。

食べものを求めて、宿の窓にはりつくカエル

食べものがいるところにカエルもいる！

20

**POINT** 寒い日は、草の間などに隠れているかも

田んぼとその周辺のカエル

ニホンアマガエル

寒い日には姿を見る機会が減るけれど、暖かい日は食べものを探してひょっこり出てくることがある

## 冬
見つけやすさ ★☆☆

**POINT** 石の下など、温度が変わりにくい場所で冬眠する

田んぼの周辺の石やブロック、板、農機具などをそっと持ち上げてみると、その下で眠っていることがある

アマガエルと似ているが、より自然度の高い田んぼにいる
# シュレーゲルアオガエル <small>アオガエル科アオガエル属</small>

●**どんなカエル？** 護岸整備された開けた田んぼではあまり見られず、山間や人里にある谷戸（谷状の地形）や、雑木林などが隣接する田んぼに多い。アマガエルに比べると生息地は少なく、こっちの田んぼにはいるのに、少し離れたあっちの田んぼにはいないということが多い。

- 口の先がとがっている
- 目のまわりにもようがない

| | |
|---|---|
| 活動時期 | 春から秋 |
| よく見られる時期 | 5〜10月 |
| 見られる場所 | 田んぼとその周辺 |
| 分布 | 本州、四国、九州 |
| 大きさ | 3〜5cm |
| 鳴き声 | コロロロコロロロ |
| つかまえ方 | 動きはそれほど素早くないので素手でいける。両手で空洞をつくって、そっと包むようにつかまえる。 |

- アマガエルよりも吸盤が大きめ。アマガエルよりも体が大きいからか？
- 鳴くときはのどをふくらませる

## 【シュレーゲルアオガエルの1年】

### 春　見つけやすさ ★★☆

暖かい年だと3月終わりぐらいから鳴き声が聞こえるが、通常は4月下旬から。田んぼを耕す前の荒れた凸凹の地中などで鳴いているので、姿を見つけるのはとても難しい。田んぼの土手を整えたころ、水がはられるのを待たずに産卵してしまうことも多い。

▲田んぼの縁の土のすき間に身をひそめる

### 夏　見つけやすさ ★★★　→P24

田んぼに水がはられるころには水際で見ることが増える。卵はおもに土手などの水際で見られ、田植えが始まるころにはおたまじゃくしが泳ぎはじめる。繁殖が落ち着く真夏には、草の上などで休む姿をよく見る。アマガエルほど繁殖期は長くない。

▲おもにおたまじゃくしが水に流れ出やすいような場所を選んで卵を産む

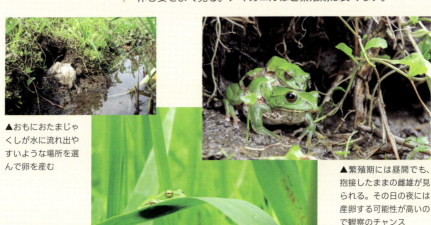

▲繁殖期には昼間でも、抱接したままの雌雄が見られる。その日の夜には産卵する可能性が高いので観察のチャンス

まぶしいときに目を細めているのもかわいい

### 秋　見つけやすさ ★★☆

秋になると田んぼに隣接する雑木林に移動するため、木の上で見る機会が増える。夜、懐中電灯の光で木を照らすと、腹の白色が目立つので見つけやすい。

### 冬　見つけやすさ ★☆☆

秋のわりと早い時期に姿が見られなくなる。田んぼや雑木林の堆積したわらや落ち葉の中、土のくぼみなどで冬眠しているようだ。

# 夏

見つけやすさ ★★★

**POINT** 夜間、鳴き声に耳をすませよう

夜間、オスはメスにアピールするために一生懸命に鳴く

**POINT** 水際にある白いメレンゲ状の卵を探すべし

あぜ道にも卵があった！

田んぼの整備が始まったころから田植えのために水がはられたころ、短期間にいっせいに繁殖期は終わるように思う

▲田植えの時期が以前よりも遅くなったので、土手を整えた途端、適当な場所に卵を産んでしまうこともしばしば。基本は水がはられたころに、水際の土のくぼみに産卵する

見つけやすいのは春から初夏の繁殖期。田んぼに水がはられたらすぐ、夜間に鳴き声を聞くか、昼間に整備された土手の水際でメレンゲ状の卵塊を探すのがよい。4～6月の間に何度か試みても鳴き声が聞こえない、卵が見つからない場合はその環境にはいない可能性が高い。アマガエル同様に田んぼに水がはられると同時に活動が活発になるので、観察する地域の田んぼの作業状況を知ることが重要。水がはられる前は土のすき間などで鳴いているので、鳴き声はするのにどうしても姿が見つからないことが多い。卵は孵ったあとに水に流れ込めるように、水辺に近い土手などの半地中に産むことが多く、産卵に適した場所はそれほど多くないので一箇所に何個もの卵を見ることがある。産む場所をうまく確保できなかった場合、水に流れ込めないような、あぜ道などでも産んでしまうことがある。繁殖期は昼夜を問わず水際に多いが、アマガエルほど繁殖期は長くはない。

24

田んぼとその周辺のカエル / シュレーゲルアオガエル

POINT 卵を産みそうな水際をチェック

▲よほどおどろかさないかぎり、抱接したまま離れない。このまま産卵する場所を探してうろうろと動き回る

水の中にもいた！

オス

メスのほうが大きい

草の中にまぎれてしまうと見つけるのは難しい。オスは抱接中でも、いつも通りに体色を暗くさせるけど、メスは緑色のままが多い気がする

25

**繁**殖期以外の昼間は、成体はアマガエルと同じように草の上でじっとしていることが多い。アマガエルよりは葉の形を選ぶようで、葉の広い大きな葉よりも、幅がせまくて細長い葉の、茎の近くにいることが多いように感じる。なぜか秋には木に登るので、2〜3mの高さの枝を探すと見つかることがある。夜間にライトで下から照らすと白い腹がよく目立つので見つけやすい。「田んぼにすむ緑色のカエル」というだけでアマガエルと混同されることも多い。子供のころに遊んでいた場所には、アマガエルもシュレーゲルアオガエルもいたが、上級生からシュレーゲルアオガエルの存在を教えてもらい、そのかっこいい名前に感動して図鑑で調べてからは、すぐに判別できるようになった。見分けるのはそんなに難しくないほうだと思う。

田んぼとその周辺のカエル

シュレーゲルアオガエル

前から見たところ平べったくなっている

▶逆光のときは裏から見た影も見つけるポイントになる

裏から見るとこんな形

茎の近くにいた！

ぴったりくっつくことができて収まりがよいことが大事みたい。葉のつけ根は特にお気に入り

こんなところにもいた！

目が合ったらすでにこちらに気づいているので、近づきにくいかも

27

昼間も活発なので見つけやすい
# トウキョウダルマガエル アカガエル科トノサマガエル属
## トノサマガエル、ナゴヤダルマガエル

●**どんなカエル?** トウキョウダルマガエルはおもに関東の田んぼに、トノサマガエルは西日本の田んぼに多くいる。どちらも稲作時期の田んぼでよく見られ、昼間でも活発に活動するので見つけやすいカエルだが、トノサマガエルのほうが警戒心が強めでジャンプ力があり、観察中に逃げられてしまうことも。本州、四国を中心に、トノサマガエルと分布を重ねるナゴヤダルマガエル（ダルマガエル）もいる。

トウキョウダルマガエル
体がれっこい
足が短め

トノサマガエル
細身で大柄
足が長い

ナゴヤダルマガエル
少し小柄な体型
足が短い

| 活動時期 | 初夏から秋 |
|---|---|
| よく見られる時期 | 6〜9月 |

1 2 3 4 5 6 7 8 9 10 11 12

| 見られる場所 | 田んぼとその周辺の水場 |
|---|---|
| 分布 | 北海道、関東（トウキョウダルマガエル）<br>北海道、関東をのぞく本州、四国、九州（トノサマガエル）<br>本州・四国（ナゴヤダルマガエル） |
| 大きさ | 4〜8cm（トウキョウダルマガエル）<br>5〜9cm（トノサマガエル）<br>5〜7cm（ナゴヤダルマガエル） |
| 鳴き声 | **クケケケッ、クケケケッ**（トウキョウダルマガエル）<br>**グゲゲッ、グゲゲッ**（トノサマガエル）<br>**グゲゲゲッ、グゲゲッ**（ナゴヤダルマガエル） |
| つかまえ方 | 飛ぶ方向を見極め、頭を覆うように網をかぶせるか、素手で飛びかかる。水路や水生植物の根元など、水中に逃げ込んだところを網でガサガサとすくい上げる。 |

トウキョウダルマガエル
鳴くときはほおをふくらませる

28

## 【トウキョウダルマガエルの1年】

**春** 見つけやすさ ★★☆

アマガエルなどより、活動を始めるのは遅め。田んぼに水が入る前は、水路の水たまりなどで見られる。田んぼに水がはられると鳴きはじめるが、まだ姿を見つけるのは難しいかも。

**夏** 見つけやすさ ★★★ →P30

6月ごろからより活発になり、田植え後の田んぼで姿を多く見るようになる。昼夜を問わずよく鳴くので、鳴き声をたよりに居場所を特定しやすい。

目立つところで鳴いていると、ヘビにねらわれやすいので心配になる

ヒルムシロの葉の上はすぐに水に逃げ込める場所なので、ちびガエルはよくここにいる

**秋** 見つけやすさ ★★☆ →P35

秋はまだまだ活発。土手の草地やわらくずの上などにいて、ガサガサと歩けば飛び出してくる。冬眠に向けて栄養のある食べものを探しているのか、コオロギやバッタなどを食べているのをよく見る。

刈りとられた稲の根元でもよく見かける

**冬** 見つけやすさ ★☆☆

11月ごろから見る機会は減る。田んぼや河川の止水など、浅い水場の堆積物にもぐり込んで冬眠する。

暖かい日などは顔を出してしまうこともあり、モズなどの鳥にねらわれやすい

田んぼとその周辺のカエル

トウキョウダルマガエル、トノサマガエル、ナゴヤダルマガエル

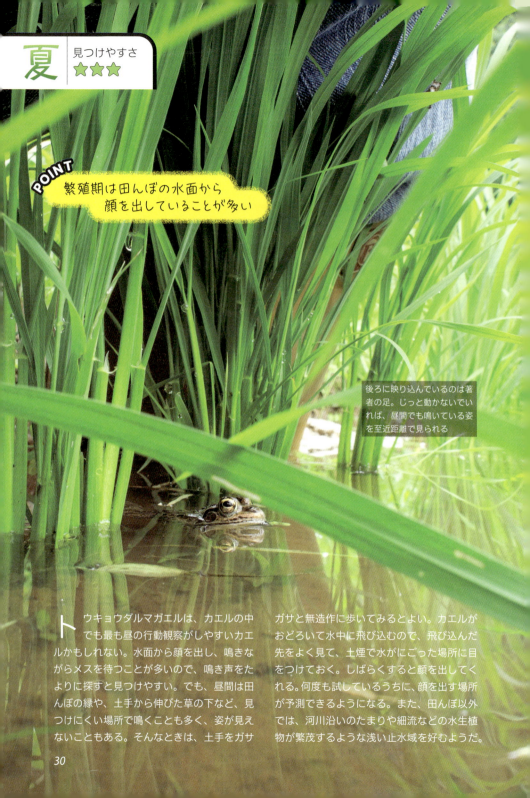

# 夏 | 見つけやすさ ★★★

**POINT** 繁殖期は田んぼの水面から顔を出していることが多い

後ろに映り込んでいるのは著者の足。じっと動かないでいれば、昼間でも鳴いている姿を至近距離で見られる

　ウキョウダルマガエルは、カエルの中でも最も昼の行動観察がしやすいカエルかもしれない。水面から顔を出し、鳴きながらメスを待つことが多いので、鳴き声をたよりに探すと見つけやすい。でも、昼間は田んぼの縁や、土手から伸びた草の下など、見つけにくい場所で鳴くことも多く、姿が見えないこともある。そんなときは、土手をガサガサと無造作に歩いてみるとよい。カエルがおどろいて水中に飛び込むので、飛び込んだ先をよく見て、土煙で水がにごった場所に目をつけておく。しばらくすると顔を出してくれる。何度も試しているうちに、顔を出す場所が予測できるようになる。また、田んぼ以外では、河川沿いのたまりや細流などの水生植物が繁茂するような浅い止水域を好むようだ。

鳴いているところを発見！

◀田んぼの縁などにいるので、鳴き声をたよりに探す。一度鳴きやんでも、こちらが動かなければ再び鳴き出す

田んぼとその周辺のカエル

トウキョウダルマガエル、トノサマガエル、ナゴヤダルマガエル

POINT 姿が見えないときは草むらにいることも

▲土手の草むらにも隠れているので、土手を歩くときはカエルを踏まないようにゆっくり歩こう

ここにもいた！

◀浮き草に身を隠すことも多い。水の中にもぐってしまったら絶対に見つけられない

POINT 水の中に飛び込んでもしばらくすると水面から顔を出す

水中に逃げると泥をかぶるようにして身を隠す。少し待つと泥の中で目を開け、もう少し待つと水面に顔を出す

ミミズを食べてる!

田植えで土をほじくったあとは、ミミズがよく外に出てきている。このころの主食はミミズが多い

たくさんいた!

田んぼのあぜ道や、田んぼを仕切るコンクリートの上など、よく目立つところで見ることもある。少し離れたところから観察すれば、捕食のようすやオス同士のこぜり合いなど、さまざまなシーンが見られる。

◀田んぼに水が入る時期か、田んぼの立地か、正確に理由は分からないが、それなりに好みの場所があるらしく、同じエリアの田んぼでも、いる場所といない場所がある

田んぼとその周辺のカエル

トウキョウダルマガエル、トノサマガエル、ナゴヤダルマガエル

トウキョウダルマガエルがたくさん集まる田んぼでは、昼間でもオス同士のけんかをよく見られる。少し距離を開けて観察するとよい

POINT 個体数が多い場所を見つけたらしばらく観察してみよう!

33

夏 | 見つけやすさ ★★★

POINT
ちびガエルは
ちょっとした
陸地が好き

稲の成長とともに育ち、カエルに変態する。長い稲に目隠しされた田んぼは、安心して上陸できるのだろう

しっぽが残ったちびガエルがいた!

田んぼの縁にあるヒルムシロの上で、間もなく上陸するちびガエルを発見

田んぼとその周辺のカエル

トウキョウダルマガエル　トノサマガエル、ナゴヤダルマガエル

## 秋　見つけやすさ ★★☆

▶水がないし歩きにくそうだが、稲刈り後の稲わらにはクモなどが多くいて、食べものを探すのによいらしい

こんなところにもいた!

POINT 稲の株元をチェックしてみよう

稲刈り前の少し湿った田んぼにはコオロギやイナゴが多い。食べものねらいで稲の根元にもたくさんカエルがいる

イナゴをゲットしたぞ!

初夏、田植えが終わるころに田んぼの縁などで産卵し、卵は数日で孵化する。田んぼに泳ぎ出たおたまじゃくしは稲の成長とともに大きく育ち、稲の目隠しで守られながらカエルへと変態し上陸する。ちびガエルは田んぼの縁で小さな虫を食べて育ち、中干しのころには水の残る湿った場所や水路で多く見られるようになる。そのまま田んぼ周辺で秋をむかえ、水が枯れない浅瀬の堆積物の下や柔らかい土の中にもぐり込んで冬眠する。

35

水の流れを好む茶色いカエル

# ムカシツチガエル
## ツチガエル
アカガエル科ツチガエル属

●**どんなカエル？** ツチガエルは水の流れがあるところを好む。ヌマガエル（P40）と同じような場所で見られるため、混同されていることが多いが、頭が大きくて体のイボが目立つなど、よく観察するとヌマガエルとの違いがわかる。近年、ムカシツチガエルとツチガエルに分かれた。

体にデコボコのイボがある

頭が大きめ

| 活動時期 | 初夏から秋 |
|---|---|
| よく見られる時期 | 6〜10月<br>1 2 3 4 5 6 7 8 9 10 11 12 |
| 見られる場所 | 低山の渓流から川の中流域、田んぼ、水路など |
| 分布 | 北海道、本州、四国、九州 |
| 大きさ | 3〜6cm |
| 鳴き声 | グワ、グワ |
| つかまえ方 | 足は短めでジャンプ力はそれほど強くないので、ねらいをつけて手でつかまえるか、石の下などに入り込んだところをねらうとよい。 |

## 【ツチガエルの1年】

**春** 見つけやすさ ★☆☆ →P37

▶春先に見つけたツチガエルの越冬幼生

成体の出現は少し遅く、春にはあまり見かけない。一年中水の枯れることのない場所や、用水路、河川の淵などを網でガサガサと探してみると、ツチガエルの越冬幼生を見られることがある。

ちびガエルを発見！

**夏** 見つけやすさ ★★★ →P37

田んぼの用水路に水が通ると、水路や土手などに姿をあらわす。ほかの田んぼのカエルに比べ、水の流れるところが好きで、少し流れのある場所の水生植物の根などに産卵する。

**秋** 見つけやすさ ★★☆

中干し以降は田んぼの中よりも、田んぼへの水の供給が終わって水深が浅くなった水路や、河川の上流〜中流域の河原の浅瀬や水際で見られるようになる。

**冬** 見つけやすさ ★☆☆

冬眠するときも水路の周辺にいることが多い。水路の脇の少し湿った場所など、びちょびちょではなく乾燥してもいないような場所にある石や投棄された人工物などの下で冬眠する。

◀田んぼの縁で見つけた冬眠中のツチガエルたち

**春** 見つけやすさ ★☆☆

しっぽが残ったちびガエル

春先、田んぼの水の増減で陸地に取り残されてしまった越冬幼生。このように田植え前に、上陸したてののちびガエルを見ることもある

**夏** 見つけやすさ ★★★

POINT 水の流れのある場所が好き

水の流れる水路で、すぐ水に飛び込めるようなコンクリートの護岸の上などにいることが多い

ここにもいた！

ツチガエルがいた！
こっちはカジカガエル！

◀▲河川の上流域でも多く見られる。岩のすき間や岩の上にいるとカジカガエルと間違われることも少なくない

田んぼとその周辺のカエル

ムカシツチガエル ツチガエル

沼地などの湿った環境でよく見られるが、比較的流れのある場所を好み、カジカガエルと同じような流れの強い渓流でも普通に見られる。田んぼといっても、水のはられた田んぼの中よりも、水路や水の取り込み口など、水の流れのあるところ付近にいることが多い。ほかのカエルよりは近づきやすく、警戒心が弱いように感じる。おどろいて水に逃げ込んでも、わりとすぐに顔を出す。じつはツチガエルのちびガエルは春先に見つかることが多い。ツチガエルはおたまじゃくしで冬眠すること（越冬幼生）も多いためだ。

37

| 夏 | 見つけやすさ ★★★ |

POINT
繁殖期は水生植物が生えている
水路や田んぼの縁をのぞいてみよう

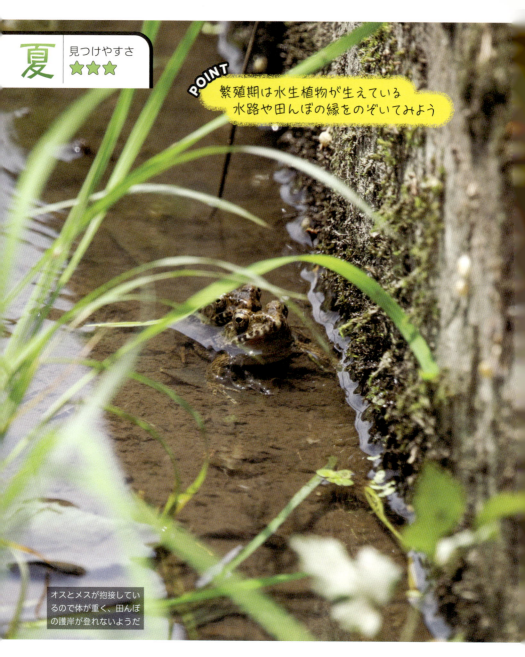

オスとメスが抱接しているので体が重く、田んぼの護岸が登れないようだ

繁殖期はおもに夏。田んぼの縁や水路、大きな川の河川敷で、流れにはり出した水生植物の根などにからめるようにして卵を産む。卵はダルマガエルのなかまよりも小粒で、少し茶色っぽいイメージ。ひとつの卵塊はダルマガエルよりは小さめで、ヌマガエルよりも大きめ。おたまじゃくしも水路などの流れのある場所で見ることが多い。おたまじゃくしは変態せず、そのままの姿で越冬することもあるので一年中見られる。

田んぼとその周辺のカエル

ムカシツチガエル ツチガエル

POINT 流水でも止水でも どこでも卵を産んじゃう

卵は田んぼの縁などの浅瀬でバラバラと産む。卵の塊も粒も小さくて茶色っぽいので、ほかのカエルと区別できる

水路に卵があった！

▲水路などの流れがあるところでは流されてしまわないように、植物の根にからめるように卵を産む

39

浅い水場にいる茶色いカエル
# ヌマガエル
ヌマガエル科ヌマガエル属

●どんなカエル？　もともとは暖かい地域のカエルだったが、最近は関東周辺まで分布を広げている。本州では初夏から秋と活動時期がかぎられるが、暖かい地域では1年中活動する。

- 頭が小さめ
- 体のデコボコが小さく目立たない

| 活動時期 | 本州では初夏から秋 |
|---|---|
| よく見られる時期 | 本州では6〜9月 |
| 見られる場所 | 田んぼ |
| 分布 | 本州、四国、九州、奄美諸島、沖縄諸島 |
| 大きさ | 3〜5cm |
| 鳴き声 | キャキャキャ |
| つかまえ方 | ジャンプ力がわりとあるので、静かに近づいて距離をつめ、手を頭の斜め上からふりかぶるようにしてつかまえる。 |

1 2 3 4 5 6 7 8 9 10 11 12

## 【ヌマガエルの1年】

**春** 見つけやすさ ★☆☆

本州では春先はあまり見かけないイメージ。沖縄や奄美地方では、春には産卵が始まる。田んぼの縁などの浅瀬によくいる。

**夏** 見つけやすさ ★★★ →P41

水がはられた田んぼで鳴きはじめ、本州でも産卵が始まる。ほかのカエルに比べ、夜行性の傾向が強いのか昼間に出会うことは少ない気がする。

地味な見た目と裏腹に、「キャキャキャ」とかわいらしい声で鳴く

**秋** 見つけやすさ ★★☆

本州ではわりと早い時期から姿を見なくなる。沖縄奄美地方では、よほど寒い日でないかぎり、田んぼ周辺の水があるところを探せば普通に見られる。

**冬** 見つけやすさ ★☆☆

本州では田んぼ周辺の土のくぼみなどで冬眠する。沖縄奄美地方では、冬でも活動しているところを見られる。

## 夏 | 見つけやすさ ★★★

田んぼとその周辺のカエル

ヌマガエル

POINT 水が浅めの田んぼが好き

田植えがすっかり終わったころ、かわいい鳴き声が聞こえるようになる

オスとメスがいた！

POINT 小さな塊はヌマガエルの卵かも！

▲休耕田や、耕しただけの土、整えたばかりの土手の上など、少し湿った場所も好きなようだ

▶卵は小粒で褐色。田んぼの縁で産む

　ツチガエルよりも田んぼに依存している印象。田んぼのほか、沼地や湿地でも見られる。水深1〜2cmぐらいの浅い水場が好きで、流水域では見たことがない。ツチガエルに似ているといわれるけれど、顔が小さくてかわいい印象なのがヌマガエル。顔がいかつくて男前な印象なのがツチガエル。ちびガエルでは難しいかもしれないが、慣れてくれば成体なら、野外でも見間違うことはないだろう。卵は水性植物などにくっつけるようにして、小さな卵塊をたくさん産みつける。

41

繁殖期は田んぼのまわりでよく見られる
# ニホンアカガエル
アカガエル科アカガエル属

●どんなカエル？　繁殖期はおもに田んぼ周辺の浅い水辺で普通に見られるカエル。でも、繁殖期以外は「ここで見られる」というポイントがあまりないので、見つけにくくなる。

- 口の先がとがっている
- せなかの線がはっきりしている
- 細めの体

| 活動時期 | 冬から秋 |
|---|---|
| よく見られる時期 | 本州では2〜6月 |
| 見られる場所 | 田んぼなど平地の水辺 |
| 分布 | 本州、四国、九州 |
| 大きさ | 3〜7cm |
| 鳴き声 | クックックックックックッ |
| つかまえ方 | 繁殖期は警戒心が弱い。夜間をねらって、手でつかまえるとよい。それ以外の時期は、そっと近づき、飛ぶ方向を見極め、網か手を出してつかまえる。 |

## 【ニホンアカガエルの1年】

春
見つけやすさ ★★☆
→P44

いったん産卵が落ち着いてしまうと、おとなのカエルを見る機会が減る。水温が低くて孵化までに時間がかかるため、卵は長期間見られる。

夏
見つけやすさ ★☆☆
→P45

真夏には田んぼ周辺の浅い水路、隣接する雑木林などで見られることがあるが、探すというよりも偶然出会うイメージ。おとなのカエルを見つけるのは難しい。

秋
見つけやすさ ★☆☆

水路や雑木林にいるがあまり出会えない。稲刈りあとの田んぼなどをガサガサ歩くと、ぴょこんと飛び出してきて出会えることがあるかも。

秋に偶然出会った、お腹のぽってりしたメス

冬
見つけやすさ ★★★
→P43

地域差が大きく、その年の気温にも左右されるが、12月から産卵が始まり、ピークは2月以降。低気圧が近づき、少し暖かい日の夜に産卵することが多い。おとなのカエルに出会える一番のチャンス。

# 冬

見つけやすさ ★★★

田んぼとその周辺のカエル

ニホンアカガエル

**POINT** 冬でも水がたまっている場所で卵が見られる

田んぼの縁の雨水がたまったところに産卵している。水が多くたまって、しかも抜けにくい場所を知っているかのようだ

▼条件が悪い年は、こういった溜まりにも産卵してしまい、卵が干からびてしまうことも

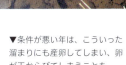

卵があった！

**POINT** 周辺の浅い水辺でカエルが見られるかも

水が浅い水路などをこまめに探すと出会えるかもしれない

**繁** 殖期には多数が集まり産卵するので、鳴き声や水場の卵を手がかりに見つけられる可能性が高い。平地の田んぼでは12〜2月ごろ、低山地帯の田んぼでは2〜3月ごろ、暖かくて低気圧が近づいてくる日をきっかけに動きはじめる。雨が降ったあとなどに、産卵のタイミングをねらって夜間に散策してみるとよい（産卵する日を探り当てるのが意外と難しいので、何度も通うことになるかもしれないが…）。遠くから鳴き声が聞こえてきたときの感動は計り知れないので、ぜひチャレンジしてみよう。卵は雨水がたまりやすい場所や、湧水がある田んぼ、周辺の水路など、冬でも水がたまっている場所で見られる。

43

春 | 見つけやすさ ★★☆

POINT 繁殖期は雨水がたまる場所や水路にいることが多い

通年、田んぼ周辺の水路など、水があるところにいる。日が当たらない少し暗いところを探すとよい

水の流れの あるところにもいた!

泳ぎが得意なので、流れ があってもへっちゃら

田んぼとその周辺のカエル　ニホンアカガエル

繁殖期はおもに田んぼ周辺の浅い水辺にいる。繁殖期以外は「ここ!」というポイントがないので、意外と見つけにくい。春には上陸したちびガエルを見られるかもしれない。上陸したちびガエルは、水辺近くの湿った草地などにいることが多い。梅雨時期くらいに、産卵を確認した場所の周辺の草地をガサガサとゆっくり歩いてみると、ぴょこんと飛び出してくるかもしれない。繁殖期以外は、昼間は開けた場所よりも水辺に覆いかぶさった植物の下などに隠れていることが多い。夜はあぜ道や林道にもなどにも出てきているので比較的見つけやすいかもしれない。

シュッとしたイケメンカエル

夏　見つけやすさ ★☆☆

ちびガエルは地面に溶けこむ茶色。草地にいると、とても見つけにくい

葉の上で見つけた!

ドクダミなどの低い草の上で休んでいることもある

POINT 水辺周辺の草むらで ちびガエルを 見つけられるかも

45

ニホンアカガエル同様に繁殖期は田んぼでよく見られる
# ヤマアカガエル　アカガエル科アカガエル属

●**どんなカエル？**　ヤマアカガエルはニホンアカガエルより、生息地での個体数は多いことが多いが、ニホンアカガエル同様、繁殖期以外は「ここで見られる」というポイントがあまりないので、見つけにくい。

顔が大きめ
口の先が丸くて短い

| 活動時期 | 冬から秋 |
|---|---|
| よく見られる時期 | 2〜6月 |
| 見られる場所 | おもに低山にある田んぼや渓流、森林 |
| 分布 | 本州、四国、九州 |
| 大きさ | 3〜8cm |
| 鳴き声 | クルルルルッ、クルルルルッ |
| つかまえ方 | ジャンプ力の強いカエルだが、繁殖期は警戒心が弱く、夜間は手でつかまえられる。繁殖期以外はそっと近づいて、飛ぶ方向を見極め、少し離れたところから網を構えて後ろからおどかして網に入れる。 |

## 【ヤマアカガエルの1年】

見つけやすさ ★★☆

産卵後すぐに、卵を産んだ場所の水中に堆積した落ち葉の下などで、じっと再冬眠してしまうことも多い。暖かい日には卵の横にひょっこり顔を出すこともある。

見つけやすさ ★☆☆
→P50

山間部の田んぼや渓流のたまりなど、水辺近くにいるが、おとなのカエルを探して見つけるのは難しい。偶然の出会いを期待するなら水辺やその周辺の湿った森林をガサガサ歩いてみるとよい。ちびガエルは上陸してしばらくすると森に入るが、それほど水辺から離れない。卵を見つけた水辺近くに留まることが多い。

見つけやすさ ★☆☆

成長したちびガエルは少し行動範囲も広がり、見つけにくさが増すかもしれない。熊手のようなもので堆積した落ち葉を少しひっくり返してみると、じっとしているところに出会えるかも。

見つけやすさ ★★★
→P47

▶冬でも常に水がある場所を選んで卵を産む

暖かい地域や低山の公園や田んぼでは12月ごろから、渓流沿いなど気温が低いところでは2月ごろから産卵が始まるが、ピークは2月以降。遅い年には4月から産卵が始まることもある。

冬 見つけやすさ ★★★

POINT 常に水がありそうな場所に卵があるかも！

田んぼとその周辺のカエル

ヤマアカガエル

こっちにも！

大きな卵塊がいくつもあった！

あった！

渓流の湧水など、常に水があるところは産卵ポイント。条件のよい場所には多数の卵が見られる

ここにも卵があった！

▲渓流の本流の脇にあるたまりなども、産卵に好まれる

◀護岸された水路も水がたまりやすいので、雨の夜などに集まって産卵する

**繁** 殖期は低山の田んぼでは12月から、山間部の渓流沿いでは3月ごろからと、標高や雪深さ、水温などの条件で大きな幅がある。同じ観察ポイントでもその年の気象条件によって、毎年、数週間以上の幅がある。そのため産卵の時期は判断しにくく、ニホンアカガエル同様、何度も通いつめる必要がある。卵は渓流沿いの湧水など、常に水がある場所を探すと見つけやすい。同じポイントに時期を変えて通いつめるのがコツだ。ニホンアカガエル同様、田んぼの水たまりにも産むので見分けがつきにくいが、ヤマアカガエルの卵塊はニホンアカガエルよりも卵塊が大きめでブヨっとしたイメージだ。

47

冬 | 見つけやすさ ★★★

**POINT** 卵を見つけた場所で孵化まで観察してみよう

卵を守る寒天質の塊は水を吸ってふくらむ。水たまりが卵でいっぱいになることも

## Column

### ヤマアカガエルとニホンアカガエルの産卵場所の違い

ヤマアカガエルはおもに渓流にある遊水池や山間部の田んぼなどで卵を産む。一方、ニホンアカガエルは平地の田んぼで産むことが多い。そのため、渓流や山間部の田んぼで卵を見つけたら、ヤマアカガエルの卵と思ってほぼ間違いない。低山から平地のあたりの田んぼでは、ヤマアカガエルもニホンアカガエルも同じ時期に同じ場所で産んでしまうので見分けがつきにくい。

**ヤマアカガエルの産卵場所**

▲渓流のたまりや、山間部の田んぼなど

**ニホンアカガエルの産卵場所**

▲平地の田んぼなど

**オスとメスがいた！**

メスの背中に抱きつくオス。オスのほうがだいぶん小さい

田んぼとその周辺のカエル

ヤマアカガエル

山間部の湧水地などで産んだ卵は、水温が低いためゆっくりと成長する。幸運にも卵を見つけたら、ときどき観察に行ってみよう。卵が微妙に変化していくようすや、孵化したばかりで泳ぎ出す前のおたまじゃくしの外鰓など、細部までよく観察できてカエルへの愛情が深まるだろう。

まん丸だった卵も少しずつ形が変化していく

卵の中で少しずつ育っていく！

卵からたくさんのおたまじゃくしが出てきた！

孵化してすぐは泳ぎ出さず、卵を守っていたゼラチン質の上でクネクネと動くだけ

49

## 冬

見つけやすさ
★★☆

POINT
おたまじゃくしが見られるのは
5〜7月くらいまで

山間部では7月ごろまでおたまじゃくしの姿を見られるかも

　おたまじゃくしは水温で成長速度が違うため、見られる期間も場所によって異なる。水田の浅い水場など、日差しで水温が上がる場所では田植え前の5月くらいまで、渓流の水温が低いところだと7月ぐらいまで見られるかなといった感じで、ばらつきがある。上陸して近くの湿った森林地帯に広がってしまうと、見つけるのも難しくなるが、しばらくは水場の近くの湿った落ち葉の下などに隠れている。よく観察して上陸のタイミングを見計らい、その姿を探せばちびガエルも見つけやすい。

## 夏

見つけやすさ
★☆☆

いた！

山間部を散策中に見つけた、おとなのカエルの後ろ姿。こんな感じで出会うことが多い

POINT おたまじゃくしがいた水辺のそばの草むらをチェック！

田んぼとその周辺のカエル

ヤマアカガエル

7月ごろ、落ちたイワタバコの花のそばにいたちびガエル

51

鳴き声を聞くことはあっても姿はなかなか見られない

# ウシガエル　アカガエル科アメリカアカガエル属

●**どんなカエル？**　今や全国に広がる身近なカエルになってしまったが、もともとはアメリカ原産のカエル。鳴き声がウシに似ていることから「ウシガエル」という。温暖な地域では一年中、池や川のよどみなどで姿を見られる。

鼓膜が大きい

後ろ足の水かきが大きい

| 活動時期 | 初夏から秋 |
|---|---|
| よく見られる時期 | 6〜9月 |

1 2 3 4 5 6 7 8 9 10 11 12

| 見られる場所 | 池や川のよどみなど、深さのある大きな止水域 |
|---|---|
| 分布 | 全国 |
| 大きさ | 10〜18cm |
| 鳴き声 | ブォーン、ブォーン |

> 特定外来生物に指定されているため、捕獲や運搬、飼育はできません。卵やおたまじゃくしも同様です。

## 【ウシガエルの1年】

**春**　見つけやすさ ★★☆

前の年、遅いタイミングで生まれたおたまじゃくしは、越冬して初夏にちびガエルになる。そのため、この時期には大きなおたまじゃくしが見られることがある。

**夏**　見つけやすさ ★★★　→P53

繁殖期に入るので、鳴き声がよく聞こえる。池や川のよどみなどを見てみると、いたるところで顔を水面に出しているのを見る。

**秋**　見つけやすさ ★★☆

繁殖期を過ぎると、鳴き声が聞こえなくなり、姿も見えなくなる。動きがにぶくなり、水場近くの草むらや泥地に隠れている。

**冬**　見つけやすさ ★☆☆

暖かい地域では冬眠しない。冬眠するときは、水底の泥の中や、川淵の水生植物の根元にもぐり込む。

## 夏 | 見つけやすさ ★★★

田んぼとその周辺のカエル　ウシガエル

POINT 夜は池の縁にいて、見つけやすいかも

光におどろいて逃げない個体でも、近づこうと歩を進めて水面をゆらしてしまうと、ハッと気配に気づいて逃げる

ここにいる！

POINT 昼は警戒心が強くて、近づくのは難しい

水面に目だけを出していることも多い。すぐ逃げられる定番の体勢。おどろかすと「キャウッ」と鳴いて逃げることがある

　夜は、池の縁や浅瀬、湿った草地などにいて、昼間より警戒心が強くないため、何とか近づけるかもしれない。懐中電灯の光に驚いて逃げる個体も多いが、いきなり光を浴びるとびっくりして逆に止まってしまう個体もいる。それをねらって、夜間に探し回っていれば、ぐっと距離をつめられる瞬間があるはず。

53

# 夏 | 見つけやすさ ★★★

**POINT** 鳴き声が聞こえる池は、そこらじゅうにおたまじゃくしの姿が!

卵から生まれて数週間後、3cmくらいのおたまじゃくしが水面にたくさん

**POINT** 卵は水面にうかんでいる

▲浅瀬の植物の間に、広範囲に白い泡が見えたら、ウシガエルの卵かもしれない

**POINT** ちびガエルは泥っぽいところが好き

初夏、いっせいに変態する。このころは昼間でも意外と近づくことができる

▲成長すると10cmを超える大きさに

卵は池の縁の水生植物のすき間などに産む。卵塊はあまり塊にならず、水面に浮かぶように広がっている。ウシガエルの鳴き声が聞こえる池や川のよどみでは、水面いっぱいにおたまじゃくしの姿を見ることができる。おたまじゃくしは小さいうちは水面に浮かんでいることが多いので見つけやすい。大きくなると水底にもぐっているようで、少し見つけにくくなる。水底のおたまじゃくしは呼吸するためにときどき水面に顔を出すので、浮上してくるのをじっと待つのも楽しみのひとつ。

田んぼとその周辺のカエル

ウシガエル

POINT ちびガエルも夜のほうが近づきやすい

緑が鮮やかでいかにも若々しいちびガエル

POINT すぐに水中に逃げられる場所が好き

水に飛び込んでしまっても、身を隠してじっと待っていると、また同じところに上がってくる

産卵時期には市街地でも出会える身近なカエル

# アズマヒキガエル ヒキガエル科ヒキガエル属
## ニホンヒキガエル

●どんなカエル？　庭や公園、森林など、いろいろなところにいるカエルで、東日本ではアズマヒキガエルが、西日本ではニホンヒキガエルが見られる。都心の市街地でも、大きな池がある公園や、森林と水場があるところであれば、産卵に来ることが多い。でも、繁殖期以外は水場から離れて森林地帯にまぎれてしまい、意外と見つけられないカエルでもある。

| 活動時期 | 早春から晩秋 |
|---|---|
| よく見られる時期 | 2〜5月 |
| 1 2 3 4 5 6 7 8 9 10 11 12 | |
| 見られる場所 | 渓流沿いの森林、池など広い水場がある公園や林 |
| 分布 | 北海道、本州（アズマヒキガエル）<br>本州、四国、九州（ニホンヒキガエル） |

| 大きさ | 4〜16cm（アズマヒキガエル）<br>8〜18cm（ニホンヒキガエル） |
|---|---|
| 鳴き声 | クュキュキュキュ |
| つかまえ方 | あまりジャンプせず、歩くのもそれほど速くないので、手でつかまえられる。つかまえるときは、後ろ足のつけ根あたりを持つのがベスト。 |

56

## 【アズマヒキガエルの1年】

**春** 見つけやすさ ★★★
→P60

平地や低山では2月から5月ごろ産卵する。条件がよい年は森林公園の池など、産卵場所に多数集まるためカエル合戦を見られることも。繁殖を終えると隠れてしまうので、見つけにくくなる。

渓流の伏流水にあらわれた仲良しペア。このあと、ほかのオスにじゃまされることになるのだが…

**夏** 見つけやすさ ★☆☆

上陸したてのちびガエルは産卵地近くの倒木の下などにいるが、徐々に水から離れて森林帯に広く分布するのでとても見つけにくい。山道や渓流周辺などを探すとよい。

**秋** 見つけやすさ ★☆☆

夏と同様、森林地帯に広く分布するので見つけにくい。雨の日は少し出会う機会が多いかも。産卵があった森林公園などがねらいどころ。

**冬** 見つけやすさ ★★☆
→P58

落ち葉が堆積した場所や、倒木の下、石垣のすき間、渓流なら岩のすき間などで冬眠する。早いところでは2月ごろ、冬眠から覚めて繁殖地に向かうので、例年繁殖する池の周辺などを探すとよい。

▲倒木の下に落ち葉がいっぱい。こういうところが冬眠ポイント

▶冬眠から覚めると、一目散に池に向かう

田んぼとその周辺のカエル

アズマヒキガエル ニホンヒキガエル

田んぼとその周辺のカエル

アズマヒキガエル ニホンヒキガエル

渓流の斜面を落ちるようにあらわれてびっくりした。これから水辺を目指すようだ

渓流にいた!

水の中にもいた!

毎年産卵する場所に到着。水に浮かんでメスを待つ

メスがなかなか集まってこないので、いったん上陸したところ。水が冷たいので動きがにぶく、陸へ上がりにくそうだった

まだねぼけてる?

　生息する地域では数が少ないわけではないので、登山道や渓流、森林公園など、さまざまなところで偶然の出会いがある。2月下旬から4月くらいの、その地域の繁殖期に当たるころになると、歩いている姿をよく見かける。産卵場所に向かって移動しているため、産卵しそうな場所に目星をつけておくとよい。ヒキガエルは、子供のころに最もよくつかまえて飼育したカエルだ。春休みになると、近くの小川の奥にあったクレソン畑に通って、畑を囲む石垣に手を突っ込んではつかまえていた。一度つかまえても、またそこに別のカエルが入るので、どうやらヒキガエル好みの隠れ場所があるらしい。すき間の広さや水のしたたりかたなど、好みがわかってくると見つけやすくなった。

59

春 | 見つけやすさ ★★★

POINT
産卵に適した止水では
「カエル合戦」を見られるかも

いつもの繁殖地にだんだんと集まってきた。オスの「クュキュキュキュ」という体に似合わない、かわいい声が渓流にひびく

田んぼとその周辺のカエル

## アズマヒキガエル／ニホンヒキガエル

POINT 人気の産卵場所の近くにはヒキガエルの姿あり！

早めに出会ってしまった雌雄。繁殖地はまだ遠い。抱接したまま、ふたりで向かう

メスをめぐる戦い

◀︎繁殖地につくとすぐにほかのオスたちが、飛びかかってくる

こんなにたくさん集まることも！

タイミングが合うと数百個体が集まることもある

まずは多くのオスが集まり、ほかのオスに抱きついてはリリースコールで「離せ！」と怒られて離す、を繰り返す。メスがあらわれると取り合いになる。はじめに抱きついたオスが強いが、間に入り込もうとしたり、二重三重に抱きついたりしてしばらくは戦いが続く。まとわりついていたオスたちの気がそれたり、あきらめにも似た空気感がただよったりすると、ようやく産卵が始まる。

61

# 春

見つけやすさ ★★★

▼産卵のときは意外とほかのオスにじゃまされない

**POINT** 毎年同じところで産卵するとはかぎらない 水量などをチェックしよう！

**POINT** おたまじゃくしが見られるのは 2～5月ごろ

いっせいに孵化する

孵化したおたまじゃくしはすぐには泳がず、岩などに口でくっついてじっとしている。外鰓がなくなるころに泳ぎ出す

◀谷戸の大きな池の縁。桜が散るころ、おたまじゃくしが泳ぎ出す

田んぼとその周辺のカエル

アズマヒキガエル ニホンヒキガエル

卵をたくさん発見！

渓流の湧水地。水量や気温などの条件がよい年は1か所で大量の卵が見られる

ここにも卵がある！

林道脇の水たまりにも卵があった！

浅い池にも卵があった！

POINT 卵からちびガエルになるまでは2か月くらいかかる

6月ごろ、ちびガエルの上陸が始まる。おとなのカエルに対して、変態したてのちびガエルはかなり小さく、8mmくらいしかない

産卵場所はその年の川の状況や水量などによっても変わるため、日頃の観察がものをいう。山間部では渓流沿いの本流脇にできた湧水池など、止水で産卵することが多いので要チェックだ。止水であれば場所を選ばないふしもあり、雨でできた林道沿いの水たまりでも産んでしまうこともある。ヒキガエルの繁殖期に、車で林道を走るときは、大きめの水たまりを踏まないように配慮することも忘れないように。卵を見つけたら、あたたかい雨の日などに出かけてみよう。夜間、その付近を探してみると親に出会える可能性がある。卵やおたまじゃくしは地域や標高にもよるが、2～5月ごろに見られるようになる。

見つけたら比べてみよう！
# おたまじゃくし

見分けは難しそうですが、よ〜く観察してみると、形や特徴が結構違います。つかまえてじっくり比べてみましょう。

## ニホンアマガエルのおたまじゃくし

- 四角っぽい体型
- 目ははなれ気味

| 見られる時期 | 5〜8月 |
| --- | --- |
| 見られる場所 | 田んぼとその周辺の水路など |

丸く大きな体で、上から見ると四角っぽい体型。全体にぽってりした印象で、横から見るとひれが幅広。目は、はなれ気味。黄色味がかった薄茶色が多いが、黒っぽい個体もいる。

## シュレーゲルアオガエルのおたまじゃくし

- 目は寄り気味
- 尾のつけ根が太い

| 見られる時期 | 5〜8月 |
| --- | --- |
| 見られる場所 | 田んぼとその周辺の水路など |

丸くてぽってりした印象で、アマガエルのおたまじゃくしよりも少し小さい。上から見ると尾のつけ根が太い。目は寄り気味。黄色味がかった薄茶色が多い。

## トウキョウダルマガエルのおたまじゃくし

- くぼみが目立つ
- 口先が少し長い

| 見られる時期 | 5〜8月 |
| --- | --- |
| 見られる場所 | 田んぼとその周辺の水路など |

ぽってりと大きくて、上から見ると口先が少し長め。前足が生えてくるあたりに目立つくぼみがある。赤褐色や薄茶色の体に黒い斑紋が入るので、全体的に黒っぽい印象。

## ムカシツチガエルのおたまじゃくし

- 目は少し上を向く
- 丸めで流線形の体型

| 見られる時期 | 一年中 |
| --- | --- |
| 見られる場所 | 低山の渓流から川の中流域の流れがゆるやかなところ、田んぼやその周辺の水路など |

流れのあるところを好むので、体は少し丸めで流線形といった印象。目が少し上を向いていて、上から見ると目が合う。薄茶色で黒褐色の斑紋がたくさん入る。

### ニホンアカガエルのおたまじゃくし

薄茶色にまだらもよう
目の後ろに黒いもようが入る

| 見られる時期 | 2〜5月 |
| --- | --- |
| 見られる場所 | 田んぼなど、平地の水辺 |

薄茶色でまだらもようが入り、目の後ろに黒い斑紋が入るのが特徴。この黒い斑紋はヤマアカガエルとの識別に使われるが、もようが薄い個体も多いので意外と難しい。

### ヤマアカガエルのおたまじゃくし

薄茶色にまだらもようが入る
目は小さめ

| 見られる時期 | 2〜5月 |
| --- | --- |
| 見られる場所 | おもに低山にある田んぼや渓流、森林の中の水辺 |

薄茶色でまだらもようが入り、ニホンアカガエルのおたまじゃくしに似るが、目の後ろの黒い斑紋がない。全体に黒っぽくて、ぽってりと丸い。目は小さい印象。

### アズマヒキガエルのおたまじゃくし

体は真っ黒
スリムな体型

| 見られる時期 | 5〜7月 |
| --- | --- |
| 見られる場所 | 渓流沿いの水たまりなどの止水、公園の池 |

おとなのカエルは大きいが、おたまじゃくしは30mmほどと小さい。真っ黒で細いので、より小さく見える。変態したちびガエルも8mmくらいしかない。

---

**持ち帰ってはダメ！**

### ウシガエルのおたまじゃくし

ウシガエルは特定外来生物に指定されているので、おとなのカエルはもちろん、卵やおたまじゃくしも持ち帰ったり、移動させたりしてはいけない。ウシガエルのおたまじゃくしは、産まれたときは1cmにも満たない大きさだが、越冬後には15cmもの大きさになる。

頭が大きい
腹側は黄色っぽい

| 見られる時期 | ほぼ一年中 |
| --- | --- |
| 見られる場所 | 池や川のよどみなど、深さのある大きな止水域 |

# カエルに近づく方法

そっと近づこうとしても、ぴょこんと逃げてしまうカエルたち。
じつはすぐ側まで近づくには、ちょっとしたコツがあります。

### カエルに逃げられやすいNG行動

カエルは鳥などにねらわれているので、上からの視線には警戒心が強い。上から覆いかぶさるのはもちろん、影もかぶらないように注意。急な動きや大きな動作もNGだ。また、ヘビや小動物への警戒心も強いのでガサガサと音を立てるのもよくない。足音や衣類のすれる音にも注意すると、より近づけるかも。足音を消すコツは、足首と膝の関節を使ってリズミカルに歩き、かかとから爪先に向かって足の裏全体をなめらかに地面につくと、足音がおさえられる。

## 1 こちらに気づいていないときは、こちらも気づいていないふりを

カエルは勘がよい。が、こちらに気づいていない、もしくは関心を示していないときは、こちらも気づいていないふりをしよう。「あ！ 見つけたぞ！」といったような心の高揚をさとられないよう、「近づこうとしているわけじゃないよ〜」「あっちに用があるだけなんだ」と心でつぶやきながら、少しずつ距離をつめていく。体をカエルに向けてしまうと気づかれるので、体をややななめに向けて、あたかもカエルのほうに向かわない雰囲気を出しておくとよい。

## 2 おたがいに気がついているときは、なめらかな動きで近づくべし

カエルがすでにこちらに気づいているときは、あえて正面からまっすぐ、素早く距離をつめる。できるだけなめらかに姿勢を下げていくのがコツ。流れるように姿勢を下げられれば意外と無反応なことが多い。カエルが向きを変えたり、体勢を低くしたら、逃げる体勢を整えているときなので、一度ぴたっと止まって待つこと。「あれ？ 何か近づいてきていたのは勘違いだったかな？」といった顔でもとの体勢に戻ったら、動くのを再開しよう。

## 3 懐中電灯の光は直接照射しない。弱い光で観察しよう

夜間カエルを探すときは、懐中電灯の光を使うことになるが、光に反応して鳴きやんだり逃げてしまうことも多い。懐中電灯は調光できて、ズームつきのものがおすすめだ。フィールド全体を広く探すときは明るめにして、カエルを見つけたら明るさをおさえる。光の中心を直接当ててしまわないように、ズームつきなら光を広角にするとよい。光の輪の端でカエルの姿をとらえつつ、ゆっくり近づくようにする。大きな動きや無駄なゆれも厳禁だ。

標高の高いところにいるヒキガエル

# ナガレヒキガエル <small>ヒキガエル科ヒキガエル属</small>

●**どんなカエル？** 渓流性のヒキガエルで、アズマヒキガエルなどに比べて標高の高い山間部の渓流で見られるカエル。繁殖期は渓流に出てくるため、見つけやすいが、それ以外は森林内にひそんでくらしていて、見つけるのがとても難しい。

- 鼓膜が小さくてわかりにくい
- 水かきが大きめ

| 活動時期 | 春から秋 |
|---|---|
| よく見られる時期 | 5月ごろ |
| | 1 2 3 4 **5** 6 7 8 9 10 11 12 |
| 見られる場所 | 渓流とその周辺の岩場や森林内 |
| 分布 | 本州（中部〜近畿） |
| 大きさ | 7〜17cm |
| 鳴き声 | クックックックッ |
| つかまえ方 | ジャンプ力は弱く動きも素早くないので、そっと近づき手でつかまえる。岩場や落ち葉などにもぐり込まれると、不思議なくらい見つからなくなるので要注意。 |

## 【ナガレヒキガエルの1年】

**春** 見つけやすさ ★★★ →P69

▶森林で出会うと「アズマヒキガエルかな？」と迷ってしまうときがある

山間部に分布していて、雪解けの4〜5月ごろから活動しはじめる。冬季通行止めの林道も多いので、林道開通のタイミング（地域によって異なるので役所などに要確認）で山に入るとよい。渓流の淵などに集まり産卵するため、この時期が一年で唯一の探すチャンスといえる。

**夏** 見つけやすさ ★★☆

繁殖が終わると渓流周辺の森林地帯にいるため、見つけにくい。おたまじゃくしが変態してカエルになるころなので、産卵のあった淵の周辺で落ち葉の下などを探せばちびガエルに出会えるかも。

**秋** 見つけやすさ ★☆☆

おとなのカエルは真夏よりも出会える機会があるかもしれない。渓流沿いに歩きながら森林の斜面などを探すとよいかも。

**冬** 見つけやすさ ☆☆☆

冬は渓流沿いの堆積物や岩のすき間で冬眠する。通行止めになる林道もあり、雪が降ると山に入るのも難しいので探すのはあきらめよう。

| 春 | 見つけやすさ ★★★ |

山や渓流のカエル

ナガレヒキガエル

POINT 春になったら林道沿いの渓流で見つかるかも

水底でじっと身を隠すナガレヒキガエル。水中に逃げられちゃうと見つけにくいかも

POINT 卵は小さなたまりにもあるので要チェック

▲卵塊はアズマヒキガエルなどに比べて細く、見分けやすい

POINT おたまじゃくしは流れが強いところでも平気

▲おたまじゃくしの口は吸盤のようになっていて、岩などにくっつくことができる

　ナガレヒキガエルの姿を、偶然、夏の渓流の岩の上で見ることもあるが、繁殖期をねらうのがいちばん見つけやすい。その年の気候で、繁殖期はかなり前後するので、そのタイミングを計るのは簡単ではない。目安としては、冬場に閉鎖していた山間部の林道が開通する4～5月ごろに、林道沿いにある渓流や、渓流の大きな淵を片っ端から探そう。卵は大きな淵でなくても、渓流沿いにあって流れの弱いたまりなどでも見かける。おたまじゃくしは渓流の流れの強いところにも、岩にはりつくようにしている。川の縁などを探すとよい。

69

新緑〜初夏の森で泡まみれの卵を発見！

# モリアオガエル

アオガエル科アオガエル属

●どんなカエル？　繁殖期の5〜6月は森林の池や沼地周辺、渓流の湧水などの止水近くの樹上で見られるし、何より鳴き声をよく聞く。でも繁殖期以外は、水辺から少し離れてしまい、森林地帯にいることが多いので見つけにくい。

目がでっぱっている
吸盤が大きい
産卵のようす
背中に乗っている小さいほうがオス
泡に包まれた卵を産む

| 活動時期 | 初夏から秋 |
|---|---|
| よく見られる時期 | 5〜6月ごろ |
| 見られる場所 | 森林内の水辺付近 |
| 分布 | 本州 |

1 2 3 4 **5 6** 7 8 9 10 11 12

| 大きさ | 4〜8cm |
|---|---|
| 鳴き声 | コロロッ　コロロッ |

つかまえ方　体が大きく動きはそれほど速くないので、手が届くところなら素手で包み込むようにつかまえる。木の高いところや葉っぱに隠れているときは、柄の長い網などを使ってもつかまえにくいのであきらめよう。

もようの色が濃い個体もいる

白いのどがよく目立つ

## 【モリアオガエルの1年】

**春** 見つけやすさ ★☆☆

低山の森林に分布するため、平地のカエルに比べると動き出すのは遅めな印象。早い地域では4月ごろから繁殖が始まる。鳴き声が聞こえはじめたら、それをたよりに探してみるとよい。

**夏** 見つけやすさ ★★★ →P72

森林内の池など、水辺に姿をあらわすようになる。6月ごろが繁殖期のピークだが気候や場所によりかなりずれ込むイメージなので、ゴールデンウィークが明けたころから頻繁に山に入り、鳴き声や過去の繁殖場所などをたよりに探してみよう。

◀卵塊はおもに木の葉にからめるように産みつける。樹上を探してみよう

▶昼間は手足を縮め、枝につかまって隠れている

**秋** 見つけやすさ ★☆☆

水辺周辺に留まる個体もいるが、水辺から少し離れて、森林地帯の樹上などにいる個体が多い印象。居場所が分散してしまうので探すのは難しくなる。

**冬** 見つけやすさ ★☆☆

浅い地中などで冬眠するといわれている。堆積した落ち葉や、繁殖地近くのもぐり込みやすそうな場所を探すと見つけられるかもしれない。

山や渓流のカエル

モリアオガエル

# 夏 | 見つけやすさ ★★★

**POINT** 卵があったら カエルを探してみよう

渓流沿いの伏流水で発見。苔むした岩から生えたシダに産卵していた。このときは周辺にカエルの姿は見られなかった

木の上に
たくさん卵がある！

池の上の樹上が最も基本的な産卵場所だ

山や渓流のカエル

モリアオガエル

5〜6月ごろ、森林の池や沼地周辺の木に泡の塊を見たことはないだろうか。その周りでは、コロロッコロロッと少しくぐもった声が響く。これらはモリアオガエルの卵と鳴き声で、どちらも繁殖期によく見聞きするものだ。卵や鳴き声を探し当てることができれば、カエルの姿もじきに見つかるだろう。

意外にも、卵は樹上にかぎらず、確実に水に落ちそうな場所なら、地面に近いところや水路などの流れの脇でも産んでしまう。水辺の地面に産みつけてあると、シュレーゲルアオガエルの卵と間違いやすいが、卵塊がシュレーゲルよりも2〜3倍大きいので案外判別できる。

POINT
地面の上に
卵を産んでしまう
こともある

泡に包まれた卵

◀シュレーゲルのように半地中に卵を産むことは少ないようだが、地面の上や低い草に産んでしまうことも多々ある

73

夏 | 見つけやすさ ★★★

POINT 何度も足を運べば
産卵のようすに出会えるかも!

田んぼのカエルのように水がはられるタイミングに産卵するわけではなく、その年の気温や雨量などに左右される。毎年、数週間ほどのズレがあるので、産卵のタイミングは計りにくい。5月ごろから地元ビジターセンターや公園職員さんなどから情報を得ておこう。蒸し暑くて小雨が降った日など、産卵に適した状況を見極めて、こまめに通いつめるとチャンスは増える。警戒心はそれほど強くないので、大きな動作をしなければ、わりと簡単に近づける。

山や渓流のカエル

モリアオガエル

繁殖期のピークには複数個体が集まり、メスをうばい合うように重なり合って産卵する

夏 | 見つけやすさ ★★★

POINT　定着した水たまりならどこでも産卵する可能性あり

水路の中など、下に水があれば、こんなところでも産むことがある

木の上で見つけた！

繁殖期のはじめごろ。オスが木の上に集まりだした

おたまじゃくしといっしょにいた！

産卵後のメスが水に飛び込んだところ。手足が長いのがよくわかる

　繁殖期には民家や民宿の池や、水がたまったバケツ、捨てられたバスタブや冷蔵庫、鍋など、定着した水たまりがあれば、その周辺に出現することが多く、毎年同じ場所に産卵に来る個体も多い。繁殖期以外でも、水辺環境からそれほど離れない個体もいるようなので、産卵場所近くの木の上や古民家の屋根など、目線よりも高いところを探すと、カエルの姿を見つけられるかもしれない。おたまじゃくしは6月ごろに見られる。比較的大きくて、色は黒く、横から見た姿はアマガエルのおたまじゃくしに似ている。少し前まで、関東ではモリアオガエルの数は少なかった印象だが、分布を広げたようで、今ではわりと普通に見られるようになった。

山や渓流のカエル

モリアオガエル

POINT
繁殖期以外は目線より高いところにいるかも

池の隣の建物の屋根の上で発見。こんなに目立っていても本人は隠れているつもり

体を平たくして隠れている?

ここにもいた!

▲昼間は枝の上でじっとしている。木の葉にさえぎられて見つけにくい

草の上で見つけた!

◀水辺周辺に生えた草地でも見つけた

77

人気の繁殖場所ではカエルの姿が見られるかも
# タゴガエル アカガエル科アカガエル属

●**どんなカエル？** 普段、成体を見る機会は少なく、渓流の散策路などでひょっこり出会うことがある程度、堆積した落ち葉や倒木をひっくり返したときに下にいることもあるが、偶然の出会いがほとんど。渓流に集まってくる繁殖期をねらって探すとよい。

顔が少し細い
顔のまわりが黒っぽい

| 活動時期 | 早春から秋 |
|---|---|
| よく見られる時期 | 3〜4月ごろ |

1 2 **3 4** 5 6 7 8 9 10 11 12

| 見られる場所 | 渓流など川の上流部で本流脇の細流や周辺のガレ場、湧水 |
|---|---|
| 分布 | 本州、四国、九州 |

| 大きさ | 3〜6cm |
|---|---|
| 鳴き声 | **グゥッグゥッ、クワックワッ** |
| つかまえ方 | ジャンプ力はそれなりにあるが、それほど俊敏ではないので普通に手でつかまえられる。水中にいる個体は、手で追いこみながら網ですくうのもおすすめ。 |

普段のタゴガエル

オスは繁殖期に体がぶよぶよになる

78

## 【タゴガエルの1年】

### 春
見つけやすさ
★★★
→P80

早い地域では3月ごろから動きはじめ、岩のすき間から鳴き声が聞こえ出す。でも、岩をひっくり返しても見つけられることは少なく、岩でつぶしてしまう危険もあるので無理に探すのはやめよう。多くの地域で、4月ごろから渓流の伏流水などで繁殖が始まる。

◀繁殖期には、1か所にたくさんのカエルが集まってくることも

▶岩のすき間に大量に産みつけられた卵

### 夏
見つけやすさ
★☆☆
→P82

初夏にちびガエルが上陸する。産卵が見られた場所の近くで、ちびガエルを探してみよう。極めて水に近い、水際の湿った苔の上などを探すとよい。繁殖期以外のおとなのカエルは、渓流沿いの森林やガレ場にいるため、とても見つけにくい。

上陸したてのちびガエル。体長は1cm以下くらい

### 秋
見つけやすさ
★☆☆

真夏よりも出歩いているのか、渓流沿いや低山のハイキングコースなどで偶然に出会う機会が増えるイメージ。堆積した落ち葉や倒木をひっくり返すと、その下に隠れていることもある。

### 冬
見つけやすさ
★☆☆

水がしたたるガレ場や、苔の下、堆積した落ち葉、倒木の下のすき間などで冬眠する。産卵が見られた水辺の近くを探すと、見つかるかもしれない。早い年には鳴き声が聞こえはじめるが、春よりも奥まったところにいると思われるので、そっとしておこう。

山や渓流のカエル

タゴガエル

79

POINT 湧水が出ている場所などを探してみよう!

渓流に流れこむ伏流水（⬅）は、産卵からちびガエルの上陸まで観察できる最高の場所

山や渓流のカエル

タゴガエル

　タゴガエルを見つけるためには、その地域の繁殖期を知ることが不可欠。繁殖期はおもに3〜5月ごろで地域や標高、その年の気候で異なるので、タイミングを計るのが難しい。水がしたたるガレ場の奥や、渓流の本流からはずれた湧水がしみ出ているような岩のすき間などで産卵する。写真を参考に、似たような場所を見つけ出し、鳴き声が聞こえたら根気強く成体を探してみよう。卵は岩の奥で産むことが多く、卵も見つけにくい。でも、多くの個体が集まる場所では岩のすき間に産みきれず、その辺の岩の影などで産んでしまうことも多い。密集地では昼間でも、産卵に集まった成体や卵を見つけやすい。大雨の後は、卵がその下流部に流れ出てしまうこともある。

雨で岩のすき間から流れ出てしまった卵

卵がたくさんあった！

81

**春** 見つけやすさ ★★★

POINT 流れが弱いところで卵を見つけられることも

白い卵で、小ぶりな卵塊。卵はひとつの卵塊に30〜160粒ほど

**夏** 見つけやすさ ★☆☆

POINT 6〜7月には上陸したちびガエルが見られるかも

上陸したちびガエル。しっぽがなくなるまでは、すぐ水にもどれるように水際にいるため、見つけやすい

卵を見つけたら観察してみよう

おたまじゃくしがたくさん！

POINT 繁殖期以外は森の中にいるかも

陸上でじっとしているときは意外なほど逃げないため、踏んでしまわないように注意

山や渓流のカエル

タゴガエル

流れの弱いところを発見したら、卵を探してみよう。繁殖期に当たるころには、渓流沿いのガレ場の奥から鳴き声が聞こえることが多い。しかし、鳴き声がする岩場をひっくり返しても出会えることはほとんどなく、カエルをつぶしてしまう可能性や、大切な繁殖地を壊してしまう可能性もあるので岩を動かすのはやめておこう。おたまじゃくしは孵化後すぐ、渓流のガレた岩のすき間などに入り込んでしまうので、見つけるのはとても難しい。でも、6～7月ごろ、卵を発見した場所を訪れると、上陸するちびガエルが見られるかもしれない。

しっぽがなくなったちびガエルを発見！

完全に上陸すると湿った岩のすき間や、落ち葉の下に隠れるため、見つけるのは難しくなる

冬が来るまでにしっかりした体つきになる

83

繁殖期の真冬、渓流でその姿を見られるかも
# ナガレタゴガエル　アカガエル科アカガエル属

●**どんなカエル？**　渓流沿いに生息している。普段、成体を探すのは難しく、偶然の出会いを待つしかない。12〜2月の繁殖期には、多くの個体が集まって、渓流の淵などで岩陰や岩の奥に産卵するため比較的見つけやすい。

顔の幅が少し広い

顔のまわりが黒っぽい

| 活動時期 | 冬から早春 |
|---|---|
| よく見られる時期 | 12〜2月 |

| 見られる場所 | 渓流のおもに水中 |
|---|---|
| 分布 | 本州 |
| 大きさ | 4〜6cm |
| 鳴き声 | グッグッグッ、クワックワックワッ |
| つかまえ方 | 繁殖期には水が冷たい。そのため動きがにぶく、手で簡単につかまえられる。すべりやすいので、軍手などを使うと、つかまえやすいかもしれない。 |

## 【ナガレタゴガエルの1年】

春　見つけやすさ ★★☆

産卵後は水中の堆積物にもぐり込んで動かない。少し水がぬるむころまでは、そのまま水中で過ごす。暖かくなる4月後半ごろになると徐々に陸上がメインの生活になるようだ。水中に適したぶよぶよの体が陸上用の体になると、ヤマアカガエルと似る。

夏　見つけやすさ ★☆☆

渓流沿いの雑木林にいるが、堆積物などに身を隠していることが多く、姿を見つけるのは難しい。水中の堆積物にいることがあるので、水生昆虫を探す要領で、網でガサガサと川底をすくうと、偶然網に入ることもある。

秋　見つけやすさ ★☆☆

秋も夏同様、雑木林などにいて見つけるのは難しい。晩秋には水中で見ることが増えるが、人影を感じるとすぐに堆積物や岩のすき間に入り込んでしまう。

冬　見つけやすさ ★★★　→P85

▶渓流の淵に集まるオス。こぜり合いを繰り返しながらメスがあらわれるのを待つ

12月には、繁殖に備えて水中でぼんやりするオスを見る機会が増える。渓流の淵などにオスが徐々に集まり、繁殖期のピークをむかえると昼間でもたくさんの個体を確認できる。

## 冬 | 見つけやすさ ★★★

**POINT** 繁殖期は渓流の水が冷たい真冬

メスをめぐる戦いがくり広げられる

メスがあらわれるとオスが抱きつく。メスをうばうため、何匹ものオスが間に入り込もうとがんばる姿が見られる

山や渓流のカエル

ナガレタゴガエル

**POINT** 流れの淵になったような場所を探すべし

▲こういった渓流の淵をくまなく探してみよう。だんだんとカエルの好みがわかるようになるはずだ

**POINT** 卵は岩のすき間に産むことが多い

繁殖期のピークには、条件のよい場所では岩のすき間に入って産卵することができず、落ち葉の上で産んでしまうこともある

繁殖場所は山間部の渓流。繁殖期の12〜2月、そうした地域は雪深く、山に入るのが困難かもしれない。大きな岩場にはばまれて川に降りるのが危険なこともあるので、繁殖地を見つけるのがそもそも難しい。とはいえ、繁殖期には昼間でも成体が淵などの川底に姿を表すので比較的見つけやすい。ポイントは白くて目立つ卵。流れの淵になっているような場所の岩のすき間を探してみるとよい。岩を無駄にひっくり返したりせず、岩のすき間をよく見ること。箱メガネや水中対応カメラも便利だ。多くの個体が産卵する淵では、堆積した落ち葉の上などにも平気で卵を産んでしまうので、水面からでも確認できる。孵化後、おたまじゃくしは岩の下などに入り込むが、タゴガエルよりも水量が多い流れにいることが多い。そのため、川底に網を構えて上流部から手で川底をかき混ぜるようにそっと岩をひっくり返すと、網に入るかもしれない。

85

流れの強い渓流の岩の上で見つけた！
# カジカガエル <small>アオガエル科カジカガエル属</small>

●**どんなカエル？** 川の上流〜中流にいるカエル。繁殖期は、渓流の岩の上など、目立つところで姿勢を正し、きれいな声で鳴くので見つけやすい。警戒心が強く、近寄ると水の中にすぐに逃げてしまうので、観察するときは要注意。

目が少し離れている

吸盤が大きめ

| 活動時期 | おもに夏 |
|---|---|
| よく見られる時期 | 5〜8月 |
| 見られる場所 | 川の上流から中流域 |
| 分布 | 本州、四国、九州 |

| 大きさ | 4〜8cm |
|---|---|
| 鳴き声 | **フィフィフィフィ、フィー** |
| つかまえ方 | どれだけ近づけるかが勝負。側まで近づくことができれば、手でつかまえられる。どうしても近づけないときは、逃げた先に網をかぶせてつかまえる。 |

細くて平たい体

のどをふくらませて鳴く

## 【カジカガエルの1年】

見つけやすさ ★★☆

暖冬で雪が少なかった年など、暖かい年には3月から4月はじめには鳴き声が聞こえはじめる。渓流の川縁の浅瀬などで鳴いているのであまり目立たず、すぐに水中に逃げこんでしまうため姿を見つけるのは難しい。

夏 見つけやすさ ★★★ →P88

繁殖期をむかえると、目立つ岩の上で鳴くので、見つけるのは容易。流れの強い渓流などでは、人目にもつきやすい大きめの岩の上にいる。流れのゆるやかなところでは川縁の、ほどほどの大きさの岩の上にいるので、鳴き声をたよりにすると見つけやすい。

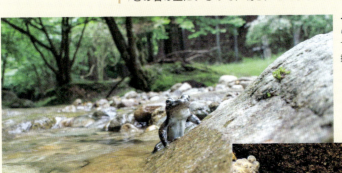

◀鳴き声が聞こえたら、川から飛び出している岩や石の上を探してみよう

▲下にすき間があり手が入るような岩の下で、卵を産む

◀おたまじゃくしは川縁の流れのゆるやかなところや、たまりにいる

見つけやすさ ★☆☆

繁殖期ではないときは、目立つ岩の上で見ることは減って、とても見つけにくい。渓流の大きな岩が多い場所よりも、小ぶりの石がたくさん露出しているような、川縁の浅瀬などが見つけやすい。

見つけやすさ ★☆☆

川縁の湿った砂地にある岩の下や、土や苔の下などで冬眠する。よどみの堆積物の中など、水中にいることもある。

夏 | 見つけやすさ ★★★

POINT 流れの強い場所の岩の上にいる

初夏、大きな岩の上に姿をあらわしたオス

山や渓流のカエル

カジカガエル

あっちにもこっちにもいた！

大きな声で鳴いて、鳴き声を競う

繁殖のピークには、好みの岩を探して至近距離で牽制し合う

ここと決めた岩場で鳴き、メスを待つ

POINT 渓流の上流〜中流の岩の上を探すべし

まずおさえつける！

▲よい岩の上に別のオスがあらわれて、岩のうばい合いが始まった

ギュ〜

岩の上から投げ落とす！

▲山間部の渓流で、まずは鳴き声に聞き耳を立てること。透き通ったきれいな声がこだましていたら、渓流の側まで行って姿を探そう

　暖かい年には3月下旬頃から鳴き声が聞こえることがあるが、通常は5月ごろに鳴きはじめ、夏の間は活発にしている。昼間、渓流の比較的流れの強い岩の上など、目立つ場所で一生懸命鳴いているので見つけやすい。カジカガエルの姿を見つけたら、浅くて流れがゆるやかなところをねらい、できるかぎり低い姿勢で、下流側から少しずつ距離をつめるとよい。じゃぶじゃぶ音を立てたり、大きく流れを変えたりしないように注意。コツがつかめると、案外すぐ側まで近づける。もし逃げられてしまっても、その場で少し待っていると、また近くの岩に登って鳴きはじめるので、その場でじっと待ってみよう。川に逃げ込んだときは、下流に流されると思いがちだが、意外と上流に顔を出すことが多い。

89

夏 | 見つけやすさ ★★★

木の下に隠れていた！

POINT 鳴き声がする場所では岩の上以外も探してみよう

すき間にもぐり込むのが得意。なわばり争いに夢中なとき以外は、結構警戒心が強い

◀水中に飛び込むと、岩のすき間などに隠れてしまうことも

岩のすき間に隠れてた！

忍者かな？

▶岩の上で鳴いている個体に近づくとき、「ふせ」の体制になったら近づくのをやめよう

▲お腹の大きなメスがあらわれた。メスはオスに比べて体が大きく、茶色っぽい個体が多い

▲水面に頭が出るくらいの大きさの岩で、その下に水が通っているようなところに産みがち

山や渓流のカエル

カジカガエル

おたまじゃくしは扁平で流線形。流れのゆるやかな川淵の浅瀬に集まる

　平たい体を生かして、岩にへばりつくように身を隠していることもある。岩の上や崖、流木の下など、目をこらして探してみよう。卵は6〜7月ごろから見られる。渓流の岩の下に産むことが多く、大きくて動かないような岩よりも、下にすき間があるような、なんとかひっくり返せそうな大きさの岩を好む。流れを巻き込んでいるような場所の岩を探すと見つかるかもしれない。なんとなく目を引く岩があったら持ち上げてみて、裏を確認してみよう。卵があってもなくても、できるかぎり、元どおりに戻すのが鉄則だ。おたまじゃくしは河岸寄りの流れが少し弱く、溜まったようなところに密集していることが多い。ちびガエルが見られるようになるのは7月ごろから。

91

# 島のカエル

ここでは島特有のカエルを紹介します。奄美や沖縄、先島諸島などの南の島は、一年を通じて雨が多く、気温が高いため、植生や環境が本州とは異なります。森林の樹上や、林道の水たまりなど、本州では見られない場所でもカエルが見つかるかもしれません。佐渡島や対馬のように、田んぼやその周辺で島特有のカエルを見ることもあります。

奄美や沖縄、先島諸島など、南の島の山地の渓流は、本州と植生が異なります。渓流だけでなく、苔むした岩や大きなシダ、しげった樹木などでもカエルが見られます。

南の島の林道では、繁殖期に多くのカエルを見ることがあります。カエル探しにうってつけの場所です。

畑や田んぼなど、南の島でも人家近くに出てくるカエルがいます。

佐渡島には広大な田んぼが広がっている地域があります。田んぼの中やあぜで、たくさんのカエルを見ることができます。

佐渡島のカエル
（P115）

奄美のカエル
（P94-103）

対馬のカエル
（P116-117）

沖縄のカエル
（P98-109）

先島諸島のカエル
（P99-103、108-114）

対馬の田んぼは里山に近いのが特徴です。アカガエルのなかまなど、自然豊かな田んぼを好むカエルが見られます。

奄美のカエル

天然記念物だけれど、見つけるのは難しくない
# アマミイシカワガエル
アカガエル科ニオイガエル属

●どんなカエル？ 鮮やかな緑色に茶や金色のもようが入る、きれいな大型のカエル。おもに山間部の渓流周辺に生息する。県の天然記念物に指定されているのでめずらしいと思われがちだが、奄美では比較見つけやすい。

| 活動時期 | ほぼ一年中 |
|---|---|
| よく見られる時期 | 冬 |
| 見られる場所 | 山地の渓流とその周辺 |
| 分布 | 奄美群島 |
| 大きさ | 8～13cm |
| 鳴き声 | ヒョー、ヒョー |

派手に見えるが、苔むした壁面になじむ迷彩色

冬場の繁殖期には渓流の岩の上やすき間で鳴くので探しやすい。繁殖期は渓流沿いの林道にも多く出現する。一方で夏は見つけにくい。渓流のイメージが強いけれど、木登りも得意で樹上のうろなどに隠れていることも多い。林道の護岸にある水抜き穴のパイプなどでも見られる。

POINT
冬の渓流で
鳴き声をたよりに探そう

◀岩のすき間などで鳴く。メスが来ると岩の奥へさそい入れて産卵を始めるため、卵は見つけにくい

POINT
木登りも得意なので
木の上もチェック

▲日中は高い木のうろに隠れていることも多いので、日中でも懐中電灯を持ち歩くのがおすすめ

パイプの中に入っていた！

林道の護岸された壁面にて。水抜き穴なども好きなようだが、日中は警戒心が強いのですぐ奥に隠れてしまう

奄美のカエル

夏の夜に林道でよく見る

# オットンガエル　アカガエル科バビナ属

●どんなカエル？　体が大きく手足が太い、堂々としたイメージのカエル。オスは産卵のための巣をつくってメスを待つ。オスは少し離れたところでメスを見守り、メスが「ここでいいよ」と意思表示するまでは抱きつかないという、紳士的な面をもちあわせる。

林道にも多くいるが、懐中電灯の光を当てると体をふせてしまう

| 活動時期 | ほぼ一年中 |
| --- | --- |
| よく見られる時期 | 初夏から秋 |
| 見られる場所 | 森林公園などの池、渓流のたまり、水がたまっている場所 |
| 分布 | 奄美群島 |
| 大きさ | 10～14cm |
| 鳴き声 | グワァン、クゥ、クゥ、クゥ |

森林公園の池や、渓流のたまりなど、大きな水たまりに多くいる。初夏から秋の繁殖期には、林道への出現率が高い。車でひかないよう注意が必要。特徴的な鳴き声なので、それをたよりに探すこともできる。捨てられたバスタブや冷蔵庫など、とにかく水たまりがあればいる可能性がある。懐中電灯の光は嫌う傾向があるので、光を直接浴びせないこと。

POINT　大きな水たまりは要チェック

▲捨てられた冷凍庫に雨水がたまり、オスたちが集まっていた。産卵地と条件が似ているからか、いつもここで待機している

▶砂利をほった産卵用の巣。メスのOKをもらえたようで、ゆっくり近づいて抱接した。いよいよ産卵が始まる

POINT　鳴き声をたよりに水たまりを探そう

島のカエル

アマミイシカワガエル／オットンガエル

95

奄美のカエル

晴天が続いたあとの雨の夜はチャンス！　林道で会えるかも
# アマミアカガエル　アカガエル科アカガエル属

●どんなカエル？　奄美の林道で最も出会う確率の高いカエル。リュウキュウアカガエルと同じ種だと考えられていたが、2011年に種として独立した。リュウキュウアカガエルよりもちょっと小さいイメージ。湿った森林内でもよく出会う。

落ち葉にまぎれていると見つけにくい

| 活動時期 | ほぼ一年中 |
| --- | --- |
| よく見られる時期 | 冬 |
| 見られる場所 | 山地の渓流や林道のそばの湿地や水たまり |
| 分布 | 奄美群島、徳之島 |
| 大きさ | 3〜4cm |
| 鳴き声 | キュルルッ、キュルルッ |

渓流沿いで水がしみ出てできた水たまりや、林道で水がたまった側溝を探すと見つかる。晴天が続いたあとの雨の夜などは、林道一面に何十個体も出ていることもある。渓流沿いの湿地や水たまりだけでなく、畑や民家の庭などに捨てられた鍋や洗面器など、水たまりならどこでも産卵するので、おたまじゃくしも見つけやすい。

POINT　冬の暖かい夜、雨の林道に集まってくる

▲雨が降ると林道に集まり、水がたまった側溝などで産卵する

▶畑の水汲み用の鍋やバケツも、水がたまってさえいれば、そこは産卵池になる

POINT　鳴き声がする場所の水たまりは要チェック！

奄美のカエル

夜の林道で鳴き声を探すべし

# アマミハナサキガエル

アカガエル科ニオイガエル属

●どんなカエル？　渓流や渓流沿いの森林に生息する。体が大きく、後ろ足が長いので、ジャンプ力がすごい。ひと飛びで逃げる自信があるからか、警戒心はあまり強くなく比較的近づきやすい。

| 活動時期 | ほぼ一年中 |
| --- | --- |
| よく見られる時期 | 秋から冬 |
| 見られる場所 | 山地の渓流の淵 |
| 分布 | 奄美群島 |
| 大きさ | 5～10cm |
| 鳴き声 | ピヨッ、ピヨッ、ピキュッ |

秋から冬の繁殖期に、林道を車でゆっくり走りながら、鳴き声をたよりに探す。渓流の淵にたくさんのカエルが集まって産卵するので、繁殖地に向かうために路上にも多く出現する。雨の少ない時期や、夏場は少し見つけにくいかもしれない。

渓流の岩の上で鳴くオス

POINT 鳴き声をたよりに渓流の淵を探そう

◀岩に集まるオスたち。繁殖期は昼間でも活発に活動する

▼繁殖地に向かうため、林道にあらわれたオス

POINT 繁殖期は林道に出てくることもある

繁殖地では一度にたくさんのカエルが見られるかも

奄美のカエル、沖縄のカエル

隠れるのがうまいので鳴き声をたよりに

# ハロウェルアマガエル
アマガエル科ヨーロッパアマガエル属

●どんなカエル？　ニホンアマガエルに似ているが、体も手足も細長くて華奢なイメージ。田んぼや池のまわりなど、水場が近い草むらや生垣、畑の低木にいることが多い。

| 活動時期 | ほぼ一年中 |
|---|---|
| よく見られる時期 | 春 |
| 見られる場所 | 田畑にある低木や草むら |
| 分布 | 奄美群島、沖縄諸島 |
| 大きさ | 3～4cm |
| 鳴き声 | ギー、ギー、ギー、ギー |

草むらに隠れているところ。草をゆらしただけで鳴きやんでしまう個体も多い

POINT
田畑や公園周辺の植栽で鳴き声をたよりに探そう

体が平たい！

懐中電灯の光を当てると鳴きやんでしまうことが多い。逃げないときは光を弱めて、ねばり強く待てば、姿を見られるかも

田畑にある自動販売機でめた～い見つけた！

数は多いのに、隠れるのがうまくて警戒心も強いので、意外と見つけるのが難しいカエル。繁殖期に鳴き声をたよりに根気強く探すしかなく、鳴かない時期に見つけたことはあまりない。耳をそばだてて、田畑の低木や草むらを探してみよう。

▲昼間の自動販売機にて。普通は昼間に見ることは少ない。この個体は、夜、明かりに集まる虫を食べに来て、そのまま休んでいたようだ

奄美のカエル、沖縄のカエル、先島諸島のカエル

田んぼなど身近なところでも見られる島のカエル

# ヒメアマガエル
ヒメアマガエル科ヒメアマガエル属

●どんなカエル？　頭部が小さく、体がぽってりとしていて、かわいらしいカエル。日本にすむカエルで最も小さい。2020年に新種記載された、先島諸島のヤエヤマヒメアマガエルも、生活や繁殖のようすは変わらない。

POINT 田んぼや湿地で鳴き声をたよりに探そう

鳴き声をたよりに探しても、隠れるのが上手でとても見つけにくい

| 活動時期 | ほぼ一年中 |
|---|---|
| よく見られる時期 | 春から夏 |
| 見られる場所 | 田んぼや湿地 |
| 分布 | 奄美群島、沖縄諸島、先島諸島 |
| 大きさ | 2〜3cm |
| 鳴き声 | ガララッ、ガララッ |

おたまじゃくしは体が透明

POINT 水場があればどこでも産卵する

　田んぼや湿地に多く、草地などで隠れているので意外と見つけにくい。湿った草地などで鳴き声をたよりに探し、がさがさと音を立てて歩くと、高くジャンプするので発見しやすい。ジャンプは上に高く飛び、飛距離は短い感じがする。道路のちょっとした水たまりや、捨てられた鍋やバスタブなど、とにかく水たまりがあれば産卵するので、卵やおたまじゃくしも見つけやすい。

99

奄美のカエル、沖縄のカエル、先島諸島のカエル

夜の林道で鳴き声を探すべし

# アマミアオガエル
アオガエル科アオガエル属
## オキナワアオガエル、ヤエヤマアオガエル

●**どんなカエル？**　南西諸島のアオガエル3種。3種とも明るい緑から濃い緑まで体色が変化する。平地から山間部の森林に分布していて個体数は少なくないが、森林内に広く分散しているようで繁殖期以外は見つけにくい。繁殖期は水辺に集まり、水辺に張り出した植物や水場の縁にメレンゲ状の卵塊を産む。

| 活動時期 | ほぼ一年中 |
|---|---|
| よく見られる時期 | 冬から春先 |
| 見られる場所 | 森林公園などの池、山間部の湿地など |
| 分布 | 奄美群島（アマミアオガエル）<br>沖縄諸島（オキナワアオガル）<br>先島諸島（ヤエヤマアオガエル） |
| 大きさ | 4～8cm（アマミアオガエル）<br>4～8cm（オキナワアオガエル）<br>4～6cm（ヤエヤマアオガエル） |
| 鳴き声 | キャラララ、キャラララ |

POINT　樹上の高いところを見回してみよう！

アマミアオガエル

ヤエヤマアオガエル

▲ヤエヤマアオガエル。ずんぐりした体型で、腹は少し黄味がかっている。指先もうっすらオレンジ色。背面は明るめの緑色の個体が多い

▲アマミアオガエル。ずんぐりした体型で、腹は白い。背面は濃い緑色の個体が多い。緑と白のほか、差し色が入らず、シンプルなカラーリング

▶オキナワアオガエル。ほかの2種よりも口先がとがっていて、体が細くシャープなイメージ。腹は白く、背面は透明感のある緑色の個体が多い

オキナワアオガエル

島のカエル

アマミアオガエル、オキナワアオガエル、ヤエヤマアオガエル

アマミアオガエル

**POINT** 鳴き声をたよりに探そう

鳴き声をたよりに木々の間を探す。木をゆらさないように、そっと枝に触れて枝の間を探すのがコツ

アマミアオガエル

昼間は木の上ではなく、クワズイモの葉の影や草むらなどに身を隠していることが多い

かくれんぼ中を見つけた！

アマミアオガエル

卵を見つけた！

▲孵化しておたまじゃくしが動き出すと、卵塊が溶け出して水に落ちる

どのアオガエルも共通して、森林公園の池周辺や、そのまわりの森、山間部の湿地など水場が近くにある場所にいる。樹上の少し高いところや、草や葉の上などにいることが多い。暖かい雨の日には林道の路上にも多く出現する。意外と成体を探し出すのは難しく、鳴き声をたよりに隠れている場所を見つけ出すのも楽しい。晴れが続くとなかなか出現しないので探すのは困難。

**POINT** 雨の多い時期には夜間の林道にも出てくるかも

ヤエヤマアオガエル

久々の雨の日には、水が染み込みにくい道路にあらわれることも

奄美のカエル、沖縄のカエル、先島諸島のカエル

いろんな湿地で見られるカジカガエル
# リュウキュウカジカガエル
アオガエル科カジカガエル属

●**どんなカエル？** 渓流から市街地、海の近くまで分布し、南西諸島で最もよく出会うカエル。体は小さいが鳴き声は大きいので見つけやすい。2020年に新種記載されたヤエヤマカジカガエルは頭部が小さく、手足も短いからか、大きな目が印象的。

| 活動時期 | ほぼ一年中 |
| よく見られる時期 | 春から秋 |
| 見られる場所 | 山間部や畑などにある湿地 |
| 分布 | 奄美群島、沖縄諸島、先島諸島 |
| 大きさ | 2〜4cm |
| 鳴き声 | リッリッリッ、リリリー |

オスとメスのペア。背中に抱きついているのがオス

雨の日の林道にて。落ち葉に見えるので、車でひいてしまわないようにかなりの注意が必要

**POINT** 雨の日の林道でも出会える！

山間部や畑などにある湿地で多く見られる。雨の日などは林道の路面一面にいたりもする。多少流れのあるところが好きなようで、洗面器などの止水ではなく、側溝や水路などで卵を産むことが多い。畑の脇にある浅い水路や、林道の側溝、雨の日の林道などを探せば出会える。晴れが続きすぎて、カラカラに乾いてしまうと見つけにくい。

**POINT** 側溝や水路など少し流れがあるところが好き

近くに畑がある道路の側溝で卵を発見。茶色い丸いつぶつぶが卵

奄美のカエル、沖縄のカエル、先島諸島のカエル

離島で広まっている外来種
# シロアゴガエル
アオガエル科シロアゴガエル属

●どんなカエル？　東南アジアが原産のカエルで、沖縄には軍事物資にまぎれて移入したとされている。2000年ごろは宮古島や久米島などではかなり普通に見られたが、駆除が進んだためか、数が少なくなった気がする。一時期は、宮古島では雨の日の道路にも出てきていた。

夜の林道で発見！

| 活動時期 | ほぼ一年中 |
| よく見られる時期 | 春から秋 |
| 見られる場所 | 山地の渓流とその周辺 |
| 分布 | 沖縄諸島のほか、奄美群島、先島諸島 |
| 大きさ | 4〜7cm |
| 鳴き声 | ギィー、ギィー |

◀体にもようがあまり入らないタイプの個体。身を縮めているとわかりにくいが、手足がとても長い

POINT
夏の雨の日に林道やその周辺を探してみよう

体にライン状のもようが入る個体も多い。白い上顎が名前の由来だ

島のカエル

リュウキュウカジカガエル／シロアゴガエル

宮古島や久米島など、離島に帰化してしまっている外来種。池など止水近くの森林や、捨てられたバスタブなど、大きめの水たまりがあればその付近で泡状の卵を産む。山間部や森林内にある神社や、物置小屋のような掘っ建て小屋の壁にいたりもする。夏場の雨の日には、林道の路上でも多く見られる。特定外来種なので捕獲や飼育はできない。

沖縄のカエル

繁殖期の夜間なら林道で会えるかも
# オキナワイシカワガエル
アカガエル科ニオイガエル属

●**どんなカエル？** 山深い渓流や、渓流に降りる斜面などで出会うことが多く、木に登るという話は聞かない。アマミイシカワガエルよりも体色は少しシックな配色で、落ち着いた美しさがある。

渓流に降りる斜面で見つけた。陸上では意外と逃げない

| 活動時期 | ほぼ一年中 |
|---|---|
| よく見られる時期 | 冬 |
| 見られる場所 | 山地の渓流 |
| 分布 | 沖縄諸島 |
| 大きさ | 9～11cm |
| 鳴き声 | ヒョウ、ヒョウ |

POINT
渓流沿いで鳴き声をたよりに探そう

▶渓流では、すぐ水中に逃げ込んでしまうので、近づくときは慎重に

幻のカエルといわれるだけあって、個体数は少なめ。ヤンバルの渓流や森林の斜面にいる。繁殖期には夜間、林道にも普通に出てくるので、鳴き声をたよりに、林道や渓流を歩きまわって探すのが一番見つけやすい。同様の環境で、ハブも出現するので気をつけよう。

渓流の岩の上で見つけた！

派手に見える体色だが、森林で葉の影や苔の上にいると見つけにくい

沖縄のカエル

水場が大好きな半水中ガエル

# ナミエガエル

ヌマガエル科クールガエル属

●**どんなカエル？** 手足が短く、ずんぐりした体型。水性傾向が強く、渓流や付近の水たまり近くに多い。陸上で昆虫も食べるが、水中で食べものを捕食できるカエルは日本では本種だけ。エビやサワガニを食べる。

| 活動時期 | ほぼ一年中 |
| --- | --- |
| よく見られる時期 | 春から初夏 |
| 見られる場所 | 山地の渓流、森林 |
| 分布 | 沖縄諸島 |

| 大きさ | 7～11cm |
| --- | --- |
| 鳴き声 | グォッ、グォッ、グォッ、グォッ |

▼水がしたたる渓流の岩場にいた。赤みがかった若い個体だ

POINT
初夏の夜、ヤンバルの渓流やその周辺で見られるかも

ヤンバルの渓流や森林、林道の水たまりや渓流に下る斜面、渓流の岩上など、いろいろな水場にいる。水の中が好きで、半分くらい水中ガエルのイメージ。流れのゆるやかな浅いたまりや、林道沿いの水たまりに、目だけ出してひそんでいる。危険を感じると、すぐ身をふせて水中に隠れるので、見つけにくい。

渓流の斜面にいた！

渓流の斜面や、林道沿いでも見られる

沖縄のカエル

堂々としたその姿を林道で見られるかも

# ホルストガエル　アカガエル科バビナ属

●どんなカエル？　渓流沿いの森林にくらすという生態も、大きくずんぐりした印象もオットンガエルに似ているが、本種のほうが少し小さく、背面はツルッとした印象。

そっと近づけば逃げない！

▲まだ若い個体。大きな目が凛々しくてかっこいい

| 活動時期 | ほぼ一年中 |
| --- | --- |
| よく見られる時期 | 春から秋 |
| 見られる場所 | 山地の渓流とその周辺 |
| 分布 | 沖縄諸島 |
| 大きさ | 10〜13cm |
| 鳴き声 | クークークー、グォンッ |

ヤンバルの渓流や森林、森林の中にある林道でも見られることがある、数はそれほど多くない印象だが、夏場には会える機会が多い。堂々としていて意外と逃げないので、近づきやすい。でも、大きな体のわりに、ジャンプ力があって、動くと素早い。

POINT
夏の夜、ヤンバルの林道で出会えるかも

これは、いつでもジャンプできる姿勢になっているところ。後ろから近づいてはダメで、じつは正面から近づいたほうが比較的逃げられない

沖縄のカエル

沖縄諸島にいる唯一のアカガエルで繁殖期に探すのがコツ

# リュウキュウアカガエル
アカガエル科アカガエル属

●どんなカエル？　やや小型で細身なアカガエル。口先がとがっているのも特徴的だ。茶褐色の個体が多いが、ヤンバルではかなり赤い体色の個体も見かける。

| 活動時期 | ほぼ一年中 |
| --- | --- |
| よく見られる時期 | 秋から春先 |
| 見られる場所 | 沖縄の森林地帯 |
| 分布 | 沖縄諸島 |
| 大きさ | 3〜5cm |
| 鳴き声 | キョッ、キョッ、キョッ |

茶色っぽい個体

森林にいて落ち葉にまぎれてしまうと、まったく見つけられないほど周囲に溶け込む

POINT　秋から春先の繁殖期によく見られる

赤色が濃い個体

赤めの個体も見つけにくい。足元の近くでジャンプして、はじめて気がつくことも

沖縄の森林地帯にいるが、繁殖期以外はあまり見かけない気がする。秋から春先の繁殖期には夜間、渓流沿いの浅い水場や湿地で見られる。雨の日には林道の路上に出てくることもある。繁殖期には、渓流沿いの浅瀬などに多くの個体が集まって産卵する。卵はゆるめの卵塊状で、比較的バラバラとしているのが特徴だ。

濃いめの赤茶色も、落ち葉にそっくり！

島のカエル

ホルストガエル／リュウキュウアカガエル

沖縄のカエル、先島諸島のカエル

それぞれ性格や好きな場所が少しずつちがう

# ハナサキガエル アカガエル科ニオイガエル属
## オオハナサキガエル、コガタハナサキガエル

●**どんなカエル？** ハナサキガエルは沖縄諸島に分布する。口先がとがっていて、細身で手足が長い中型のカエルだ。茶褐色から暗緑色までさまざまな色の個体がいる。オオハナサキガエルは先島諸島に分布し、ハナサキガエルに似ているが茶褐色でどっしりとした大型のカエル。コガタハナサキガエルも先島諸島に分布する。名前の通り、ほかの2種に比べると小型で、暗褐色から暗緑色までさまざまな色の個体がいる。口先が丸くぽってりした印象だ。

コガタハナサキガエル
緑色が混じった体色の個体。ハナサキガエルのなかまは頭に対して目が大きい印象

| 活動時期 | ほぼ一年中 |
|---|---|
| よく見られる時期 | 冬 |
| 見られる場所 | 山地の渓流とその周辺 |
| 分布 | 沖縄諸島（ハナサキガエル）<br>先島諸島（オオハナサキガエル、コガタハナサキガエル） |
| 大きさ | 5〜7cm（ハナサキガエル）<br>4〜8cm（オオハナサキガエル）<br>4〜5cm（コガタハナサキガエル） |
| 鳴き声 | キョ、キョ |

ハナサキガエル

**POINT** ハナサキガエルは繁殖期に渓流を探すべし

渓流からその周辺の河原や湿地に多い。体色変化に富むため、苔や落ち葉など周辺環境に溶け込んで見つけにくい

POINT オオハナサキガエルは石の上など目立つところにも出てくる

オオハナサキガエル
渓流の大きな岩や浅い流れにいて、明るい茶褐色の個体が多いので、とても見つけやすい

POINT コガタハナサキガエルは生息場所がかぎられている

コガタハナサキガエル

▶どちらかといえば湿った林間などにいて、丸い顔なので、小さめのオオハナサキなどとも区別がつきやすい

島のカエル

ハナサキガエル　オオハナサキガエル、コガタハナサキガエル

　八ナサキガエルは沖縄北部の渓流でよく見られる。冬場の繁殖期には渓流の淵などに集まるので、その周辺の林道でも見られるが、それ以外の時期は探して見つかる感じではない。夜に渓流や水たまりの多い未舗装路をひたすら探すか、冬の雨の日に林道をゆっくり車で走って探すのがよいかも。

　オオハナサキガエルは、昼間はまったく姿を見ないけど、夜間に渓流を目指して森林を歩いていると、倒木の上など意外と目立つところにいるので見つけやすい。渓流でも大きな岩の上など目立つところにいるが、懐中電灯の光をあまり好まない。光の中心を外して光の輪の端で見る感じにすると近づきやすい。どちらにしても、警戒心が強くてジャンプ力がすごいので近づくのは簡単ではない。

　コガタハナサキガエルは、渓流の源流部や周辺の湿地、林間などにいるが、いる場所がかぎられているようで出会う機会は少ない。夜間、渓流沿いの林道を歩いて、湿地や渓流の岩の上などをせっせと探すしかない。

先島諸島のカエル

鳴き声はすれども姿はなかなか見られない
# ヤエヤマハラブチガエル

アカガエル科ハラブチガエル属

●**どんなカエル？** 石垣島と西表島に分布する小型のカエル。明るい褐色から暗褐色で、赤みがかった褐色の個体もいる。田んぼや池などの水辺周辺や、渓流沿いの湿った林道など、湿った泥土を好むようだ。

▲背面の赤みが強い個体。いわれてみれば、アカガエルに見えないこともないかも…？

| 活動時期 | ほぼ一年中 |
|---|---|
| よく見られる時期 | 夏から秋 |
| 見られる場所 | 渓流沿いの森林、森林公園の湿地など |
| 分布 | 先島諸島 |
| 大きさ | 4〜4.5cm |
| 鳴き声 | **コッコッコッコッコッ** |

　湿ったところが好きなので、渓流沿いの森林や、森林公園の湿地などを探す。それでも、鳴き声を聞きつけたとしても、姿を見られるのはとても稀だ。鳴き声をたよりに、夜間しつこく湿地に張りついて探すしかない。赤っぽい褐色の個体もいるからか、過去にはリュウキュウアカガエルと混同されていたと聞くが、ふっくらした体型なのと、手足が太くて短い印象なのと、分布も異なるため間違うことはないだろう。

**POINT** 鳴き声をたよりに湿ったところを探してみるべし

◀背面に筋が入る個体が多い。サキシマヌマガエルも背中に筋が入るが、本種は背中がつるっとしているので見分けは簡単だ

先島諸島のカエル

宮古島の田んぼや池、沼などにいるヒキガエル
# ミヤコヒキガエル ヒキガエル科ヒキガエル属

島のカエル

●どんなカエル？　日本に分布するヒキガエルの仲間で最も小型。明るい褐色から赤褐色、黒いもようが入るなど、体色変化が大きい。本来は宮古諸島に分布する種だが、害虫駆除のため導入した南大東島などで増えてしまい、在来生物への影響が危惧されている。

水路のゆるい流れにあらわれたオスとメスのペア。たくさん集まると、カエル合戦に発展することも

| 活動時期 | ほぼ一年中 |
| よく見られる時期 | 秋から冬 |
| 見られる場所 | 平地の池や沼、水路など |
| 分布 | 先島諸島 |
| 大きさ | 6〜12cm |
| 鳴き声 | **クックックックッ** |

ヤエヤマハラブチガエル／ミヤコヒキガエル

おたまじゃくしと一緒にいた！

メスにしがみつくオス

◀宮古島は水環境が少ない。そのため、ため池や水路では、産卵からおたまじゃくし、成体まで、一度に出会えるかも

　宮古島の平地の池や沼などに広く見られる。郊外の畑やさとうきび畑の周辺で、水路や湿った側溝など、とにかく湿った場所を探すと見つけやすい。田んぼや沼、水路など、大きめの水たまりがあれば産卵する。昼間に田畑周辺で湿った場所や水たまりを見つけておいて、夜間にカエルを探しに行くのがよいかも。

POINT 雨の林道で出会えることも

雨のあとなど、道路に多数出現することも多い

先島諸島のカエル

湿った森林の木の上にいる
# アイフィンガーガエル
アオガエル科アイフィンガーガエル属

●どんなカエル？　樹上性の小型のカエル。木のうろの水たまりなどに卵を産み、おたまじゃくしの食べものとして、メスが無精卵を産み与えることで知られる。ヤエヤマカジカガエルと似ているが、本種は顔が丸くて、後ろ足が短め。

クワズイモなど、比較的低いところにある葉の上でも見られる

| 活動時期 | ほぼ一年中 |
| --- | --- |
| よく見られる時期 | 春から夏 |
| 見られる場所 | 山地の渓流の周りにある森林など |
| 分布 | 先島諸島 |
| 大きさ | 3〜4cm |
| 鳴き声 | ピッ、ピッ、ピッ |

渓流の湿地帯近くなど、湿った森林にいる。夜間に懐中電灯を使って、目線より上の樹上を探すと、白い腹が見つけやすい。樹のうろの水たまりや、それに似た環境で卵を産むので、ウロがあったら必ずのぞいてみよう。ゴキブリやムカデ、オオヤスデが入っていることも多いので、手で探らずに目視したほうがよい。ときどき、低い草地や林道のガードレール上で見られることもある。

POINT　夏の夜、木の上を要チェック

枝につかまるようすは、いかにも樹上性のカエルらしい。この姿をイメージして探すと、見つけやすいかもしれない

うろの中に卵があった！

▲▶小さなうろでも、水がたまってさえいれば、卵を見られる可能性がある

POINT　うろの中など、産卵場所を探すと見つかるかも

先島諸島のカエル

よく見るカエルだけど、すばしっこくて観察が難しい

# サキシマヌマガエル
ヌマガエル科ヌマガエル属

●**どんなカエル？** 田んぼや水路など、水があればどこにでもいるといってもいいぐらい、先島諸島で最もよく出会う中型のカエル。明るい茶褐色や暗褐色、赤褐色、緑色っぽい個体や背中に筋もようが入る個体、もようが入らない個体など、体色変化が大きい。

目がくりっとしていて、ぽってり体型。カエルらしいカエルかもしれない

| 活動時期 | ほぼ一年中 |
| --- | --- |
| よく見られる時期 | 春から夏 |
| 見られる場所 | 道路の側溝や田んぼの水路など、湿った場所 |
| 分布 | 先島諸島 |
| 大きさ | 4〜7cm |
| 鳴き声 | グェ、グェ、グェ |

田んぼや、河川とその周辺の森林環境、ため池、道路の側溝、水たまりなど、水辺があれば昼夜を問わず、いつでも会えるという印象。雨の日の夜などは、道路にも多く出現するので、車でひいてしまわないように注意が必要。体はヌルヌルしていて、力が強く、ほかのどのカエルよりも小回りが利いて、クルクルと方向を変えて多方面に逃げる。そのため、とてもつかまえにくい。

POINT 背中に線が入っている個体が多い

▲正面からそっと近づいても、次の瞬間に思いもよらない方向にジャンプする

POINT 湿っている場所はとにかく見てみること

↑ おたまじゃくしだ！

▶道路の脇にある側溝でも、水がたまってさえいれば、おたまじゃくしが見られる

島のカエル

アイフィンガーガエル／サキシマヌマガエル

113

先島諸島のカエル

石垣島などでたくさん見られる外来のヒキガエル

# オオヒキガエル ヒキガエル科ナンベイヒキガエル属

●どんなカエル？ アメリカが原産の大型のヒキガエル。日本では、サトウキビの害虫駆除などの目的で導入され、小笠原諸島や石垣島などで定着。在来種への影響が懸念され、特定外来生物に指定されているため、捕獲や飼育はできない。

正面から見ると凛々しい顔つきでかっこいい

| 活動時期 | ほぼ一年中 |
| よく見られる時期 | 夏 |
| 見られる場所 | 田んぼなどの水場 |
| 分布 | 先島諸島 |
| 大きさ | 9～15cm |
| 鳴き声 | ゴロロロロロ |

POINT 山間部の路上で出会える

夜間の林道では、道路の真ん中に堂々と姿をあらわす

POINT 川や田んぼの周辺も要チェック！

おもに石垣島で夜間、山間部を中心とした路上に多く見られる。虫が集まる街灯の下や、川や田んぼ近くの湿地もチェックポイントだ。夏の夜、羽アリが大発生しているときなどは、特に街灯の周辺は要チェック。下に落ちた羽アリをせっせと食べるところを見られるかもしれない。水田など安定した水場では卵やおたまじゃくし、ちびガエルも見られる。長年駆除されてきたからか、最近は警戒心が強くなっているように感じる。特に大きな個体などは、懐中電灯の光を当てるとすぐに道路脇のやぶに逃げ込んでしまう。

▲初夏の水田をのぞくと、おたまじゃくしがたくさん。駆除が進んでいるとは思えない

佐渡島のカエル

佐渡島の田んぼやその周辺ではよく見られる

# サドガエル　アカガエル科ツチガエル属

●どんなカエル？　佐渡島固有のカエルで、2012年に新種記載された。それまではツチガエルと同種とされていた。背面の隆状突起はツチガエルよりもなめらかな印象で、腹が黄色い個体が多い。ツチガエルとの見分けは、腹の色で行なうとよい。

| 活動時期 | 春から秋 |
| --- | --- |
| よく見られる時期 | 初夏から秋 |
| 見られる場所 | 田んぼやその周辺、小川など |
| 分布 | 佐渡島 |
| 大きさ | 3〜6cm（ツチガエル） |
| 鳴き声 | ギュー、ギュー、ギュー、ギュー |

ツチガエルやヌマガエルと似るが、腹の色がちがうので見分けは簡単

POINT　初夏に田んぼのまわりや流れ込む水路をチェック

◀小さいときはツチガエルと似ているので、少し見分けにくい

▲上陸間近のおたまじゃくしを、田んぼで発見

里　山の田んぼだけでなく、道路沿いの護岸整備された田んぼや、山際の細流など、どこでも普通に見られる。ツチガエルも同じ場所で見られるが、サドガエルの見た目はツチガエルよりもヌマガエルに近い印象でなんとか見分けられる。自信がなければつかまえて、腹を見てみるとよい。サドガエルは腹が黄色い個体が多い。佐渡島ではトキを保護しているため、場所によっては保護センターの人や地元の人に立ち入らないように注意されることもある。そういったときはほかの場所で観察しよう。

対馬のカエル

ほかのアカガエル同様、繁殖期以外は偶然の出会いのみ
# チョウセンヤマアカガエル アカガエル科アカガエル属

●どんなカエル？ 長崎県の対馬のほか、ロシア沿海州や朝鮮半島にも分布する。背面は明るい茶色から赤褐色で見た目も生活ぶりもヤマアカガエルによく似ている。

POINT　春先の繁殖期に、山間部の田んぼを探してみよう

▲体が大きくて、ぽってりと丸い

| 活動時期 | 冬から秋 |
| --- | --- |
| よく見られる時期 | 冬から春先 |
| 見られる場所 | 山間部の田んぼとその周辺 |
| 分布 | 対馬 |
| 大きさ | 5～8cm |
| 鳴き声 | クルルルッ、クルルルッ |

山間部の田んぼを何度か訪れたが、数個体しか見つけられなかったので、生息数はあまり多くないイメージ。でも、繁殖期以外のアカガエルはそんなに見られないという特徴があるので、チョウセンヤマアカガエルも繁殖期以外は偶然の出会いしかないのだろう。といっても、繁殖期を予測するのは簡単ではない。春先の繁殖期、山間部の田んぼを中心に探してみるのがよいと思う。

POINT　ヤマアカガエルがいる場所と似た雰囲気の場所をチェック

◀正面からみたところ

対馬のカエル

繁殖期に田んぼとその周辺を探してみよう

# ツシマアカガエル アカガエル科アカガエル属

●どんなカエル？　長崎県の対馬の固有種。平地の田んぼに多く、低山地域まで分布する。チョウセンヤマアカガエルと生息地はかぶるが、本種のほうが小型で細身、少し胴長な印象もあり、見分けは難しくない。

POINT　春先の繁殖期がねらいめ

| 活動時期 | 冬から秋 |
| --- | --- |
| よく見られる時期 | 冬から春先 |
| 見られる場所 | 平地や山間部の田んぼ |
| 分布 | 対馬 |
| 大きさ | 3〜4cm |
| 鳴き声 | キョキョキョ、キョキョキョ |

◀暗褐色で目の下の黒みが強い個体

POINT　平地や山間部の田んぼを探してみよう

明るい褐色の個体。赤みが強い個体もいる

　ツシマアカガエルの数は少なくない印象。とにかく田んぼや水路、その周辺の草地などを探すとよい。チョウセンヤマアカガエル同様、繁殖期をねらうのが一番いいと思うが、春一番に集まって産卵するタイプのアカガエルは、とにかく繁殖期を見定めるのが難しい。気候や天気によって、毎年のように繁殖期が変わってしまうので、出会えるまで何度も通うしかない。

島のカエル

チョウセンヤマアカガエル／ツシマアカガエル

117

Column

# 奄美大島は「カエルの楽園」！

茂みの中でこちらを見ていた
ハロウェルアマガエル

▲渓流に集まっていたハナサキガエルたち

▲オットンガエルの産卵のようすにも遭遇

▶林道に出てきたアマミイシカワガエル。あごをふくらませて、一生懸命鳴いていた

沖縄諸島や先島諸島ももちろん、カエルの種類や数は多く、カエル好きにとっては聖地のような場所だ。でも、カエルの立場に立ってみて「カエルの楽園」と称することができるのは、「奄美大島」をおいてほかにはないと思っている。

奄美大島は、シイの木を代表とする実り多い木々と、豊富な水源をもちあわせた川がいくつも流れ、豊かな森を形成している。そこはカエルのすみかに必要なすべてをもちあわせたような場所。マングース駆除の達成が世界初の快挙としてニュースでも取り上げられたように、人間の悪行で増えてしまった不可思議な敵（カエルの捕食者）が減ったこともあってか、私が知るかぎりではカエルの数は大幅に増えていると思う。

本来遭遇するのがとても難しかったアマミハナサキガエルの産卵は目撃例が増え、私自身も数百個体が集まった規模の大きいカエル大合戦に遭遇できた。林道沿いの脇のたまりではオットンガエルが愛をさけび、雨の日の林道では小型のアカガエルやカジカガエルのほか、ヒメアマガエルや、アマミハナサキガエル、オットンガエル、イシカワガエルまで出没する。季節や気候は少し選ぶものの、夜間、少しでも山に入れば、いろいろなカエルに出会えてしまうのだ。

私が奄美大島に熱中する中で、「カエルの楽園」と確信したきっかけになったのは、ハロウェルアマガエルとの出会いだ。ハロウェルアマガエルは鳴き声は聞こえても姿は見つけられない、私の難敵だった。かつて図鑑製作中に何度か訪れた沖縄本島でも、成体を何とか撮影できた程度で出会うのが難しい相手だった。それが奄美大島では「その辺」に、しかも「たくさん」いた。田んぼの脇の草むらや、畑のまわり、公園の植栽、土砂採掘現場や民家の庭先まで、いたるところから鳴き声が聞こえ、少し探せば茂みの中から鮮やかな緑色の姿を見せてくれた。ハロウェルアマガエルは細っこくて弱そうなカエルだというイメージも大きく変わり、このカエルが大好きになった。そしてこの島が大好きになったのである。

カエルを愛するみなさま、ぜひ奄美大島へ。カエルの楽園に足を運んでみてほしい。

ちなみにイシカワガエルやハナサキガエルに会いたければ秋から春、オットンガエルに会いたければ夏場、ハロウェルは春から初夏がおすすめだ。あ、そうそう。車で林道を走る際は、カエルを見つける目に自信のある人でも時速20km以下、できれば徒歩ぐらいの速さで車を走らせてくださいね。あなたの想像以上にたくさんカエルがいて、どこにカエルがいてもおかしくない「カエルの楽園」ですから。

▶林道脇の側溝でオットンガエルを見つけた。奄美大島の林道はカエルがたくさん。車を少し進めてはカエルを見つけ撮影するの繰り返しで、なかなか前に進めない

# カエルに関する法律とマナー事情

日本に生息するカエルの中には、特定外来生物に指定されているカエルや、法律や条例で保護されているカエルもいます。どちらも見つけて観察するだけであれば問題はありませんが、種によってはさわるだけで法律に違反することもあります。カエルをつかまえたり飼育する前に、カエルに関する法律を知っておきましょう。

## カエルに関する法律

| | |
|---|---|
| **外来生物法**<br>（特定外来生物） | 日本の野外で見られるカエルのうち、ウシガエル、オオヒキガエル、シロアゴガエルの3種が指定。生きたままの移動や持ち帰り、飼育などが禁止されている。卵やおたまじゃくしも対象。つかまえてしまった場合は、その場ですぐに放すのであれば大丈夫だ。 |
| **種の保存法**<br>（国内希少野生動植物種） | 日本の野外で見られるカエルでは、南西諸島に生息するホルストガエル、オットンガエル、ナミエガエル、オキナワイシカワガエル、アマミイシカワガエル、コガタハナサキガエルの6種が指定。捕獲や殺傷、飼育などが禁止されている。 |
| **文化財保護法や地方条例など** | 文化財保護法や地方条例によって天然記念物などに指定され、捕獲や殺傷が禁止されている種や場所がある。たとえば、岡山県の湯原カジカガエル生息地（文化財保護法）、鹿児島県のアマミイシカワガエル、オットンガエル、アマミハナサキガエル（文化財保護条例）や、高知県のニホンアカガエル（地方条例）など。規制内容は法律や条令によって異なるので事前に調べておこう。 |

## カエルに関するマナー

### とりすぎない・持ち帰りすぎない

たくさんいるように見えてもかぎられた環境を好む種もいる。つかまえすぎると数が減ったり、個体数の回復に時間がかかったりすることも。ついたくさんのカエルを持ち帰りたくなるが、健康に飼える数だけを持ち帰り、残りはその場で逃がそう。

### 逃さない

一度飼ったカエルは、野外に逃さないようにしよう。逃がしたカエルによって、ほかの生物の補食や感染症、遺伝子撹乱などが発生し、その地域の生態系を破壊してしまう可能性もあるので、きちんと飼えるかよく考えて持ち帰るようにしよう。

### 生息地をあらさない

カエルを見るために田んぼの稲や、畑の野菜をたおすのはもちろん、許可なく穴を掘る、あぜを壊す、木の枝を折るなどの地形や状態を変える、ゴミを捨てるなどは絶対にしてはいけない。また石や倒木を動かしたままにしておくと、環境や隠れ家が変わってしまうので、カエルを探し終わったらすぐに元に戻そう。

### 生息地を安易にさらさない

カエルを愛し大切に観察したい人ばかりではなく、カエルをたくさんとって販売する人間や、生息する環境を大切に考えない人間が来る可能性もあるため、世界中の誰でも見れるSNSなどで生息地を公開することはやめよう。

# カエルを深く知るために

カエルを見つけたら、実際にふれて、間近で観察してみましょう。カエルを飼育してみれば、どんなところで休むのか、どんな食べものをどうやって食べるのかなど、その姿や行動をつぶさに見ることができます。カエルの持ち方や飼い方、運ぶ方法などを紹介しますので、カエルを間近に見て、カエルへの思いを深めてください。

> カエルにあった方法がある！

# カエルの持ち方

体がぷにぷにしていて、持つのが難しそうなカエルたち。
上手に持つコツは、体の大きさや行動にあわせて、持ち方を変えること。
カエルの気持ちになって、やさしく持つことを忘れずに。

手でつつむようにして持つ

手の中にすき間をつくる

## 小型のカエル

ニホンアマガエル、カジカガエル、タゴガエル、ハロウェルアマガエル、ヒメアマガエルなど

指先でつまむように持つと力が入りすぎてしまうことがあるので、両手もしくは片手でつつみ込むように持つとよい。手の中ででジタバタできるぐらいのすき間をつくってあげるのがポイント。カエルは暑さと蒸れに弱いので、あまり長時間持たないようにしよう。

### カエルは人の体温でやけどしちゃう？

40度近い真夏の炎天下に葉の上でじっと寝ていたり、人が手を入れて「熱い」と感じるような水たまりでも平気にしているので、人の体温で火傷をすることはないと思われる。ただし、暑さに以上に蒸れに弱いので、長時間、手でつつんで持ち続けたりするのは絶対にダメ。

122

カエルを深く知るために

## 中型から大型のカエル

トウキョウダルマガエル、ニホンアカガエル、
ウシガエル、モリアオガエルなど

　中型から大型で、特にジャンプ力の強いカエルに有効な持ち方。後ろ足の力が強いので、親指と人差し指で輪をつくる感じで、後ろ足のつけ根を持つとよい。後ろ足を伸ばした状態にさせて、その足をそっと指でつつんでしまうと、あばれなくなる。水辺にすむカエルはヌルヌルと滑りやすいので軍手を使うのがおすすめ。逃げようとしてあばれたときも、強くにぎるのは絶対にダメ。もし持つのが難しいと感じたら、あきらめて手を離してあげよう。脇の下をつまんで持つ方法もあるが、滑りやすく逃げられやすい。

親指と人差し指で輪をつくる

伸ばした後ろ足を指でつつむ

このあたり（耳腺）から白い毒を出すので注意！

足のつけ根をつかむ

親指と人差し指で輪をつくる

## ヒキガエルのなかま

アズマヒキガエル、ニホンヒキガエル、
ミヤコヒキガエル、オオヒキガエル

　ヒキガエルはジャンプ力が弱めで、体表は滑らないので、手に乗せそっとおさえるだけでも持つことができる。でも、警戒心の強い個体などは耳腺や皮膚から白い粘性のある毒を出すことがあるので、親指と人差し指を輪にして、後ろ足のつけ根を持つのが有効。ジャンプ力はないので、指で足をつつみ込む必要はない。

### 持ったあとは手を洗おう

体を乾燥から守るための分泌物に毒性がある。手に傷があると分泌物が染みてピリピリといたんだり、分泌物がふれた手で目を触ってしまうと目が開けられないくらいの痛みに見舞われることがある。カエルをさわったあとは、必ず手を洗おう。

> おうちでじっくり観察しよう！

# カエルの飼い方

ここでは代表的な種の飼い方を紹介します。
種によって飼い方はさまざまなので、
どんな環境に生息しているかを想像しながら、
カエルの気持ちになって飼育環境を整えましょう。

## ニホンアマガエルの飼い方

　大きめのプラスチックの飼育ケース（通称：プラケース、プラケ）に、水でしっかり湿らせた水苔をしきつめる。立体的に動くことができて隠れ家にもなるように、水耕栽培向きの観葉植物などをたくさん配置するとよい。水苔は常に適度に湿らせておこう。置き場所は直射日光をさけて、1日を通して大きな温度変化がなく、湿気がこもらないように風通しのよい場所を選ぼう。

### 食べものはどうする？

小さなクモやハエ、バッタ類などを採集して与える。カエルは想像以上にたくさん食べるので、カエルが満足するほど食べものをつかまえて与えるのはとても大変。食べものが少ないとすぐにやせてしまうので、ペットショップで売っているえさ用のコオロギも使うとよい。

## ニホンアマガエルのおたまじゃくしの飼い方

　プラケースに水を半分ほど入れ、投げ込み式のフィルターを入れてエアーポンプにつなぐ。よごれがたまらないように砂利はしかず、いつ上陸してもいいように浮草を入れておこう。上陸しても逃げられないように、あみの目が細かい蓋を選ぼう。水はバケツに入れて1日置いたものを使う。急ぐときはカルキ抜き剤を使ってもよいが、水かえのときは飼育水との温度変化を起こさないように注意が必要。

### 食べものはどうする？

おたまじゃくしはゆでたほうれん草なども食べるが、しずむタイプの金魚のえさがおすすめ。食べ残しは水をよごすので、よく観察して与えすぎないようにしよう。

エアーポンプ
浮草を入れる
プラケースの半分くらいまで水を入れる
フィルターを入れてエアーポンプにつなぐ

カエルを深く知るために

大きめのプラケース

観葉植物などを入れて隠れ家＆陸地をつくる

水でしめらせた水苔をしく

水場をつくってもよい

流木などで陸地をつくる

水でひたひたにした水苔をしく

　トノサマガエルは、ニホンアマガエルと同様、水苔をしいて飼育する。水苔は水でひたひたにしておくとよい。植物の上にはあまり乗らないので、流木や石で陸地をつくってあげよう。カエルの種によって、すみかに好みがあるので、生息地を思い浮かべながらレイアウトを試行錯誤してみよう。

125

## ヒキガエルの飼い方

ヒキガエルはしめった環境をあまり好まないので、プラケースの下にはぎゅっと水をしぼったくらいのしめり具合の、水苔やヤシがらをしきつめる。水分補給は必要なので、浅いバットなどの水入れを置いておくとよい。ジャンプはあまりしないので、浅めのプラケースで十分だが、落ち着けるようにせまめの隠れ場所（シェルター）を置いておこう。複数個体を飼育する場合は、広めのケースですべての個体が隠れられるように、1つずつシェルターを用意する。

水入れを置く

軽くしめらせた水苔やヤシがらをしく

## カエルの持ち帰り方

けがをさせないように持ち帰ろう！

カエルを持ち帰るときは、ジャンプさせないのがコツ。移動中にせまい環境でジャンプすると口先をすってけがをしたり、頭を打って脳しんとうを起こしてしまうこともあるので注意が必要です。日なたに置きっぱなしにしてしまうと、水温が上がってしまったり、蒸れてしまったりするので注意しましょう。

### ニホンアマガエルの持ち帰り方

アマガエルは逃げようとして、プラケースの壁に口先をすりつけてしまうことが多い。つかまえた場所に生えていた草を一緒に入れることで、動きが落ち着く。

草を入れておく

### おたまじゃくしの持ち帰り方

短い時間であれば、ペットボトルに入れて持ち運ぶことができる。生息地からとった水と一緒に入れておくこと。長時間持ち運ぶときは酸素が足りなくなるので要注意。

生息地の水を入れておく

カエルを深く知るために

浅めのプラケース

シェルターを置く

**食べものはどうする？**

ダンゴムシやワラジムシを好んで食べるので、庭のプランターの下などを探し集めて与える。ヒキガエルは大食漢。食べものが足りなそうな場合は、ペットショップで売っているえさ用のコオロギやジャイアントミルワームなどを使う。コオロギなどのえさをピンセットで与え続けていくと、飼育下の環境に慣れるのか、カエル用の人工飼料も食べるようになる。人工飼料も食べるようになると、えさの用意が楽になる。

## トウキョウダルマガエルの持ち帰り方

トウキョウダルマガエルなど、ジャンプ力の強いカエルは、床に足がつくくらいの深さの水に草を入れておくとよい。思い切りジャンプすることができないので、運んでいる間も安全だ。

床に足がつくくらいの水を入れる

草を入れておく

## ヒキガエルの持ち帰り方

ヒキガエルはよく動き回り、プラケースの壁で口先をすったり脱走したりする。洗濯用のネットに入れ、ぎゅっとしばって動きをおさえてからプラケースに入れるとよい。おしっこで湿らないように、落ち葉などをしいておくと◎。

洗濯用のネットでつつむ

落ち葉などをしいておく

127

著者＝**松橋利光**（まつはし・としみつ）

1969年、神奈川県生まれ。カエルやヘビといった両生爬虫類を中心に、野鳥や水辺の生き物、各種ペット類の撮影を行う。近著に『奄美の道で生きものみーつけた』『奄美の森でドングリたべた？』（新日本出版社）、『奄美の森でカエルがないた』『ワレワレはアマガエル』（アリス館）、『その道のプロに聞く 生きものの持ちかた』『その道のプロに聞く 生きものの見つけかた』（大和書房）、『山溪ハンディ図鑑10 増補改定 日本のカメ・トカゲ・ヘビ』『ときめく図鑑Pokke! ときめくカエル図鑑』『くらべてわかるカエル』（山と溪谷社）など。

松橋利光ホームページ
http://www.matsu8.com/

撮影協力　木元侑菜　後藤貴浩　徳永浩之　田上正隆

デザイン　松倉 浩・鈴木友佳
イラスト　一日一種
編集　　　池田菜津美　平野健太（山と溪谷社）

# コツがわかる！ カエルの見つけ方図鑑

2025年4月5日　初版第1刷発行

| | |
|---|---|
| 著　者 | 松橋利光 |
| 発行人 | 川崎深雪 |
| 発行所 | 株式会社 山と溪谷社 |
| | 〒101-0051　東京都千代田区神田神保町1丁目105番地 |
| | https://www.yamakei.co.jp/ |
| 印刷・製本 | 株式会社シナノ |

●乱丁・落丁、及び内容に関するお問合せ先
　山と溪谷社自動応答サービス　TEL.03-6744-1900
　受付時間／11：00–16：00（土日、祝日を除く）
　メールもご利用ください。
　【乱丁・落丁】service@yamakei.co.jp
　【内容】info@yamakei.co.jp
●書店・取次様からのご注文先　山と溪谷社受注センター
　TEL.048-458-3455 FAX.048-421-0513
●書店・取次様からのご注文以外のお問合せ先
　eigyo@yamakei.co.jp

＊定価はカバーに表示してあります。
＊乱丁・落丁などの不良品は送料小社負担でお取り替えいたします。
＊本書の一部あるいは全部を無断で複写・転写することは著作権者および発行所の権利の侵害となります。あらかじめ小社までご連絡ください。

©2025 Toshimitsu Matsuhashi All rights reserved.
Printed in Japan
ISBN978-4-635-06405-7